创客训练营

KUKA 机器人应用技能实训

杨 波 陈令平 张天洪
李锦聪 肖明耀 李泽明 编著

中国电力出版社
CHINA ELECTRIC POWER PRESS

内 容 提 要

本书遵循“以能力培养为核心，以技能训练为主线，以理论知识为支撑”的编写思想，采用基于工作过程的任务驱动教学模式，以工业机器人9个项目的14个任务实训课题为载体，通过详细的图例，全面掌握KUKA机器人的应用知识与技能。本书主要内容包括认识工业机器人、KUKA机器人的基本操作、创建机器人坐标系、KUKA机器人的程序操作、KUKA机器人的逻辑控制、KUKA机器人编程、应用WorkVisual开发环境、机器人工作站集成应用、超磁机器人应用9个项目。每个项目设置1~3个任务，并附有技能综合训练，帮助读者巩固提高。

本书可以作为工业机器人、机电一体化专业的学生学习工业机器人原理与应用的教材，也可作为社会培训机构、企业等对工人进行工业机器人技术培训的教材。

图书在版编目（CIP）数据

创客训练营KUKA机器人应用技能实训/杨波等编著. —北京：中国电力出版社，2019.7

ISBN 978-7-5198-3172-1

Ⅰ. ①创…　Ⅱ. ①杨…　Ⅲ. ①工业机器人—程序设计　Ⅳ. ①TP242.2

中国版本图书馆CIP数据核字（2019）第099925号

出版发行：中国电力出版社
地　　址：北京市东城区北京站西街19号（邮政编码100005）
网　　址：http：//www.cepp.sgcc.com.cn
责任编辑：杨　扬（y-y@sgcc.com.cn）
责任校对：黄　蓓　常燕昆
装帧设计：张俊霞
责任印制：杨晓东

印　　刷：三河市航远印刷有限公司
版　　次：2019年7月第一版
印　　次：2019年7月北京第一次印刷
开　　本：787毫米×1092毫米　16开本
印　　张：12.5
字　　数：324千字
印　　数：0001—2000册
定　　价：49.00元

前 言

“创客训练营”丛书是为了支持大众创业、万众创新，为创客实现创新提供技术支持的应用技能训练丛书，本书是“创客训练营”丛书之一。

随着全球智能制造的快速发展，工业机器人的应用日益普及。新型工业机器人体积变小、功能增强、应用更灵活。工业机器人已经广泛应用于激光切割、喷涂、自动抓取、焊接、码垛等生产过程。

本书遵循“以能力培养为核心，以技能训练为主线，以理论知识为支撑”的编写思想，采用基于工作过程的任务驱动教学模式，以工业机器人 9 个项目的 14 个任务实训课题为载体，通过详细的图例，使读者认识和全面掌握 KUKA 机器人的应用知识和技能。

本书主要内容包括认识工业机器人、KUKA 机器人的基本操作、创建机器人坐标系、KUKA 机器人的程序操作、KUKA 机器人的逻辑控制、KUKA 机器人编程、应用 WorkVisual 开发环境、机器人工作站集成应用、超磁机器人应用等 9 个项目，每个项目设置 1~3 个任务，并附有技能综合训练，全面介绍 KUKA 工业机器人应用的基础知识，训练工业机器人的综合应用技能，提高超磁机器人创新开发能力。

本书由杨波、陈令平、张天洪、李锦聪、肖明耀、李泽明编写。

在本书编写过程中，深圳技师学院杨波提供了 KUKA 工业机器人教学资料，参与实操训练课题的验证。深圳超磁机器人科技有限公司、张天洪技能大师工作室（工业机器人技术）提供了磁悬浮减速机、一体化磁减速动力模组及超磁机器人等，支持机器人创新开发项目的编辑。广州因明智能科技有限公司李锦聪参与了教材编写。在此对深圳技师学院、深圳超磁机器人科技有限公司、张天洪技能大师工作室（工业机器人技术）、广州因明智能科技有限公司的支持和帮助，表示衷心的感谢。

由于编写时间仓促，加上作者水平有限，书中难免存在错误和不妥之处，恳请广大读者批评指正。

编 者

目 录

前言

项目一 认识工业机器人 …… 1
任务 1 认识 KUKA 工业机器人 …… 1
任务 2 启停 KUKA 机器人 …… 8
技能综合训练 …… 12
一、认识 KUKA 工业机器人系统任务书 …… 12
二、认识 KUKA 工业机器人系统任务完成报告表 …… 13
项目二 KUKA 机器人的基本操作 …… 16
任务 3 试用示教器 KUKA SmartPAD …… 16
技能综合训练 …… 35
一、KUKA 机器人示教器的基本操作 …… 35
二、机器人的手动操作 …… 37
项目三 创建机器人坐标系 …… 40
任务 4 KUKA 机器人零点标定 …… 40
任务 5 创建坐标系 …… 48
技能综合训练 …… 63
一、工具 TCP 设定 …… 63
二、有效载荷及基坐标设定 …… 66
项目四 KUKA 机器人的程序操作 …… 69
任务 6 程序模块操作 …… 69
任务 7 执行机器人程序 …… 82
技能综合训练 …… 86
一、平面图形描图示教编程任务书 …… 86
二、平面图形描图示教编程任务完成报告表 …… 87
项目五 KUKA 机器人的逻辑控制 …… 89
任务 8 机器人的逻辑控制 …… 89

技能综合训练 …… 98
一、矩形图形现场编程任务书 …… 98
二、矩形图形现场编程任务完成报告表 …… 99
项目六 KUKA 机器人编程 …… 101
任务 9 学习结构化编程 …… 101
任务 10 使用变量编程 …… 110
任务 11 用 KRL 进行运动编程 …… 130
技能综合训练 …… 141
一、圆盘搬运现场编程任务书 …… 141
二、圆盘搬运现场编程任务完成报告表 …… 142
项目七 应用 WorkVisual 开发环境 …… 144
任务 12 KUKA 机器人 WorkVisual 软件的应用 …… 144
技能综合训练 …… 166
一、码垛综合编程任务书 …… 166
二、码垛综合编程任务完成报告表 …… 167
项目八 机器人工作站集成应用 …… 169
任务 13 KUKA 机器人工作站集成应用 …… 169
技能综合训练 …… 182
一、机器人工作站集成应用任务书 …… 182
二、机器人工作站集成应用任务完成报告表 …… 183
项目九 超磁机器人应用 …… 184
任务 14 应用一体化磁减速关节模组 …… 184
技能综合训练 …… 190
一、应用磁减速机器人关节模组的任务书 …… 190
二、应用磁减速机器人关节模组任务完成报告表 …… 191

项目一　认识工业机器人

学习目标

(1) 了解工业机器人。
(2) 认识 KUKA（库卡）工业机器人。

任务1　认识 KUKA 工业机器人

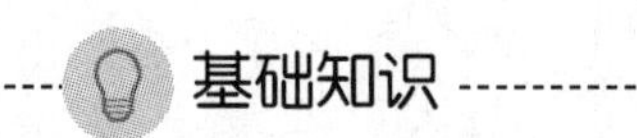

基础知识

一、工业机器人

自从工业革命以来，人力劳动已经逐渐被机械设备所取代，这种变革为人类社会创造出巨大的财富，极大地推动了人类社会的进步。目前，机电一体化、智能化等技术应运而生。人类充分发挥主观能动性，进一步增强对机械的利用效率，创造出更加巨大的生产力，促进社会发展。工业机器人的出现，是人类在利用机械进行社会生产史上的一项重大变革。工业机器人将人类从繁重的劳动中解放出来，而且它还能够从事一些不适合人类甚至超越人类的劳动，实现生产的自动化，避免工伤事故和提高生产效率。随着生产力的提高，反过来又进一步促进相应科学技术的发展。未来，工业机器人将广泛地进入人们的生产生活领域。

1. 工业机器人的结构

工业机器人是一种具有自动控制、可编程的多功能、多自由度操作机，能搬运物料、工件或操作工具来完成各种作业的机器。

工业机器人通常由机械系统、驱动器、控制器等部分组成。

(1) 机械系统。机械系统包括机身、机械臂、手腕、末端操作器等，每一部分均有若干个自由度，构成多自由度的机械系统。通常把机器人的机械系统，称为机器人的本体。

有的机器人具有行走机构，即构成行走机器人；若不具备行走或旋转功能，则为一般机器人臂。末端操作器是直接装在机器人手腕上的部件，它可以具有两个或以上手爪的夹持装置，也可以是喷漆枪、焊枪等作业工具。

(2) 驱动系统。驱动系统是驱动机械系统动作的驱动装置。驱动可以是电气驱动、液压驱动、气压驱动或者电、液、气组合的综合系统。

1）电气驱动具有步进电机、直流伺服电机、交流伺服电机 3 种驱动方式。有的电气驱动系统与机械减速器配合，构成带减速功能的驱动部件；

2）液压驱动系统运行平稳、负载能力强，但驱动管路复杂、难于清洁；

3）气动驱动主要用于机器人末端，结构简单、动作迅速，价格低。

(3) 控制系统。控制系统是工业机器人的核心，是决定机器人功能、性能的主要因素，用于控制工业机器人在工件空间上的运行位置、运动姿态、运动轨迹、运动时间、操作顺序等。控制系统根据机器人的操作指令程序及来自现场的控制信号，控制机器人的驱动和执行机构，使其完成规定的操作和运动。

2. KUKA 工业机器人系统

KUKA 工业机器人系统如图 1-1 所示。

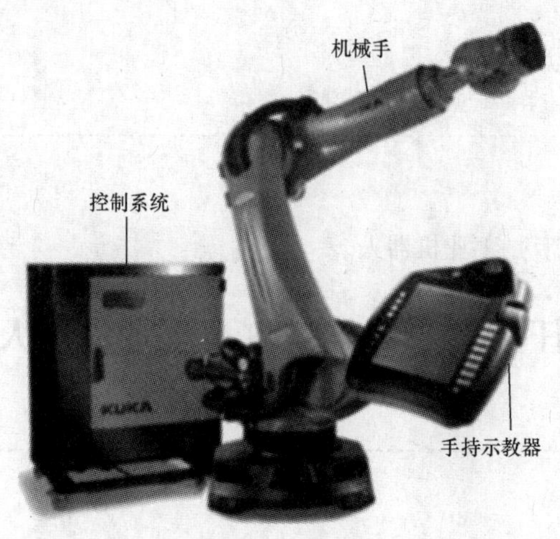

图 1-1　KUKA 工业机器人系统

（1）机械手（机器人机械系统主体）。机械手是机器人机械系统的主体，它由多个活动的、相互连接在一起的关节（轴）组成，6 轴机械手如图 1-2 所示。

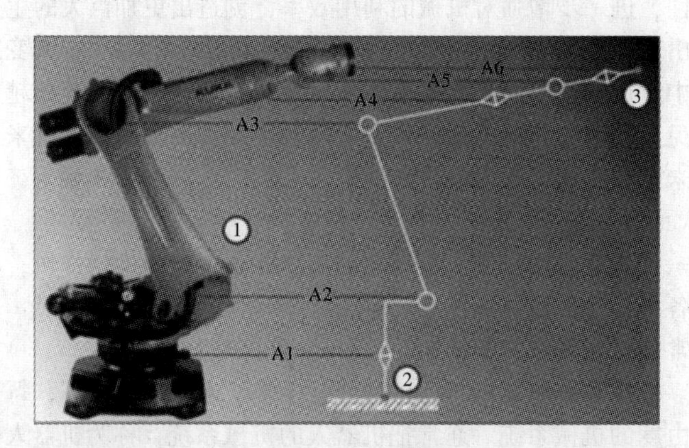

图 1-2　6 轴机械手

①—机械手（机器人机械系统）；②—运动链的起点：机器人足部（ROBROOT）；③—运动链的开放端：法兰（FLANGE）；A1～A6—机器人轴 1～轴 6

6 轴机械手包括底座、6 个活动的机械臂（A1～A6）、机械手末端法兰（用于连接机器人操作用的工具）。

机械臂 A1～A6 轴的运动通过伺服电机的调控而实现，伺服电机通过机械减速器与机械手的各部件相连接。

（2）控制系统（控制柜 KR C4）。KUKA 机器人控制系统为 KR C4 控制柜，如图 1-3 所示。

控制系统是影响机器人功能和性能的主要因素，也是机器人系统中更新和发展最快的部件，KR C4 控制系统具有以下几个方面的属性。

1）机器人控制（完成轨迹规划），可控制机器人6个轴及最多2个附加的外部轴。

2）流程控制系统，符合IEC61131标准的内置Soft PLC。

3）安全控制系统，主要是把与安全相关的信号以及与安全相关的监控联系起来，负责关断驱动器，触发制动、监控制动斜坡、停机监控、T1速度监控、评估与安全相关的信号、触发与安全相关的输出端的工作。

4）运动控制系统，控制机器人各轴的运动等。

5）通过可编程控制器（PLC）、其他控制系统、传感器和执行器来完成总线系统（如ProfiNet、以太网IP、Interbus）的通信。

6）通过主机或其他控制系统完成网络的通信。

（3）手持示教器（KUKA SmartPAD）。KUKA机器人手持示教器（KUKA SmartPAD）又叫手持操作器，或称KCP（KUKA控制面板），如图1-4所示。通过手持示教器，直接用手指或指示笔即可对工作环境进行设置，对运行动作进行示教和编程，无需鼠标、键盘。

图1-3　KR C4控制柜

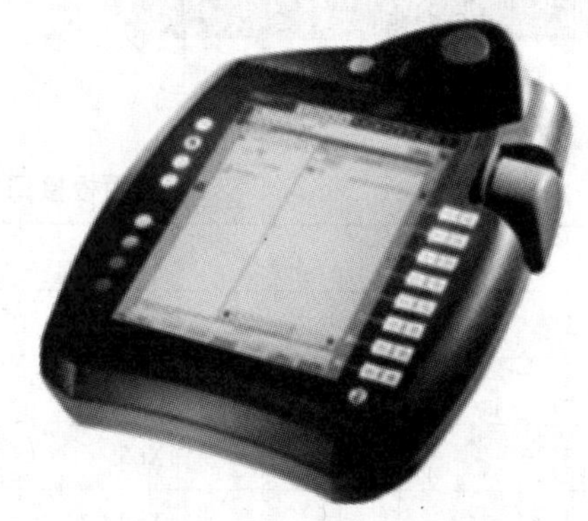

图1-4　手持示教器

KUKA SmartPAD有大尺寸触摸屏，可以用手或配备的触摸笔操作；具有：KUKA菜单键、8个移动键、操作工艺数据包的按键、用于程序运行的按键（停止/向前/向后）、显示键盘的按键和示教器可拔出按键，有更换运行方式的钥匙开关以及紧急停止按键。此外，KUKA SmartPAD还配有3D鼠标与USB接口。

（4）其他外部设备。其他外部设备包括工具（Tool）、保护装置、皮带传送机、传感器、外接轴等。

二、KUKA机器人系统的连接

1. 机器人控制系统 KR C4

工业机器人的控制系统是机器人的“控制核心”，它通过各种控制电路硬件和软件的结合来操纵机器人，并协调机器人与生产系统中其他设备的关系。KUKA机器人KR6 R700SIXX使用的KR C4控制柜如图1-5所示。

KR C4控制系统由以下器件组成，可通过KUKA SmartPAD进行各种操作，包括编程。

（1）控制PC：负责机器人控制系统的操作界面、程序的生成，修正，存档及维护，流程控制，轨道设计，驱动电路的控制，监控，安全技术，与外围设备进行通信等。

（2）电力部件：负责机器人产生中间回路电压、控制电机、控制制动器、检查制动器运行中的中间回路电压等。

（3）安全逻辑系统：主要是把与安全相关的信号以及与安全相关的监控联系起来，负责关断驱动器，触发制动、监控制动斜坡、停机监控、T1 速度监控、评估与安全相关的信号，触发与安全相关的输出端的工作。

2. 控制器接线面板

控制器接线面板如图 1-6 所示，接线面板接口编号及其说明见表 1-1。

图 1-5 控制柜

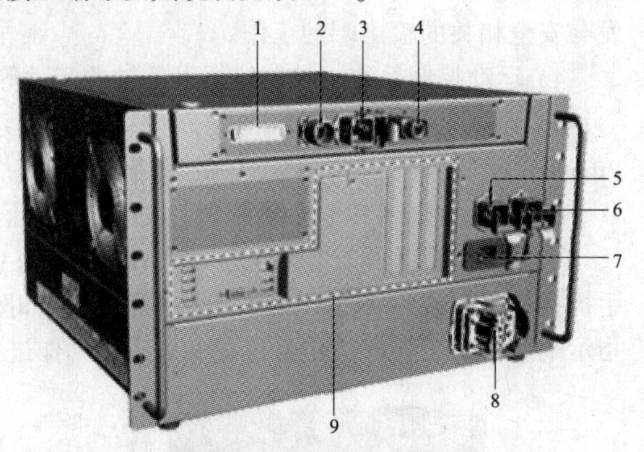

图 1-6 控制器接线面板

表 1-1 接线面板接口编号及其说明

序 号	编 号	说 明
1	X11	安全接口
2	X19	smartPAD 接口
3	X65	扩展接口
4	X69	服务接口
5	X21	机械手接口
6	X66	以太网安全接口
7	X1	网络接口
8	X20	电机插头
9		控制器 PC 接口

3. 控制器 PC 接口

控制器 PC 接口如图 1-7 所示，控制系统 PC 接口说明见表 1-2。

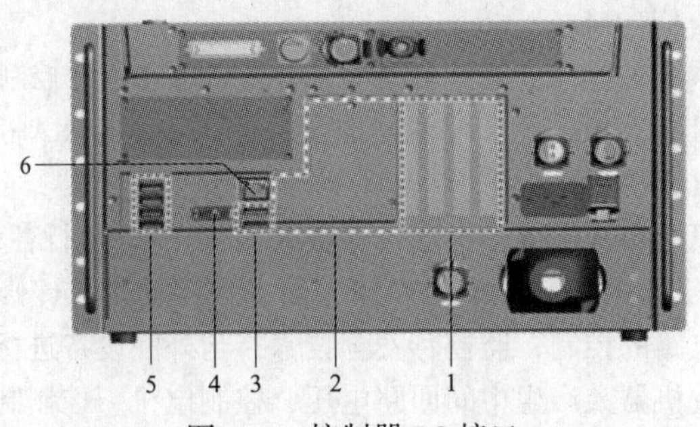

图 1-7 控制器 PC 接口

表 1-2　　控制系统 PC 接口说明

序　号	说　明
1	现场总线，1~4
2	封盖，现场总线
3	2 个 USB 接口
4	DVI-I 接口（用于传送兼容信号，即视频输出）
5	4 个 USB 接口
6	LAN 板载 - KUKA 选项网络接口（可连接网线）

4. 工业机器人的系统连接

机器人若要正常使用，需正确连接控制柜与机器人的电气部分。

控制柜与机器人的电气连接插口因机器人型号不同而略有差别，但插口标签是一样的。以 KUKA 机器人 KR6 R700SIXX 与 KR C4 控制柜的连接为例进行说明。需要连接的插口如下。

（1）X20—X30，用于连接控制柜接口 X20（见图 1-8），机器人本体接口 X30 为机器人本体的动力线（见图 1-9）。

图 1-8　控制柜接口 X20

图 1-9　机器人本体接口 X30

（2）X21—X31，用于连接控制柜接口 X21（见图 1-10），机器人本体接口（编码器接口）X31，为机器人本体的数据线，编码器接口如图 1-11 所示。

（3）X19，控制柜上示教器接口，用于接入手持示教器 KUKA SmartPAD，如图 1-12 所示。

（4）X32，机器人零点校正数据接口，用于接入 KUKA 零点校正工具，如图 1-13 所示。

（5）X11，机器人安全回路接口，如图 1-14 所示。

对于不同控制柜型号，X11 接口的接线图也不同，主要有以下两类（见表 1-3）。

1）KRC4 Stand/KRC4 Midsize/KRC4 Extended 尺寸型号的控制柜。这几种控制柜的急停、安全门信号等建议接入相应的安全装置中，如果确定不需要接入，将相应的通道短接即可。

2）KRC4 Compact/KRC4 Smallsize 尺寸型号的控制柜。这几种控制柜的急停、安全门信号等建议接入相应的安全装置中；如果确定不需要接入，将相应的通道短接即可。

图 1-10 控制柜接口 X21

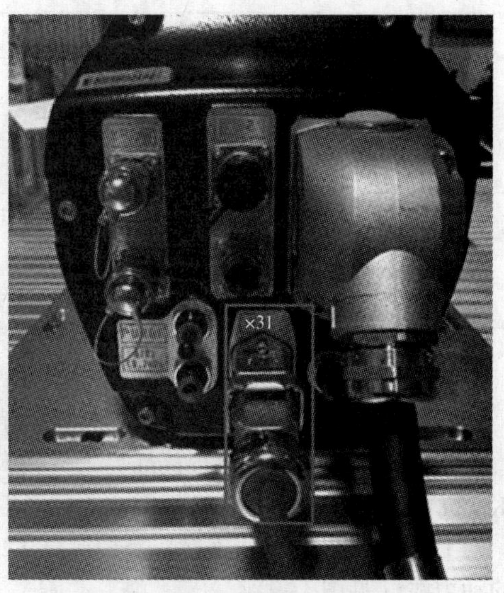

图 1-11 编码器接口

图 1-12 控制柜示教器插口 X19

图 1-13 机器人本体零点校正插口 X32

图 1-14 机器人安全回路接口 X11

表 1-3　　X11 接头接线方式说明

类　别	控制柜型号	X11 接头接线方式
第一类	KRC4 Stand/KRC4 Midsize/KRC4 Extended	急停 A 组：1 和 2 短接 急停 B 组：19 和 20 短接
		安全门 A 组：3 和 4 短接 安全门 B 组：21 和 22 短接
		通道 A 组、通道 B 组： 5 和 6 短接、23 和 24 短接 7 和 8 短接、25 和 26 短接 9 和 10 短接、27 和 28 短接 11 和 12 短接、29 和 30 短接 13 和 14 短接、31 和 32 短接
第二类	KRC4 Compact/ KRC4 Smallsize	急停 A 组：1 和 2 短接 急停 B 组：10 和 11 短接
		安全门 A 组：3 和 4 短接 安全门 B 组：12 和 13 短接
		通道 A 组、通道 B 组： 5 和 6 短接，14 和 15 短接 7 和 8 短接，16 和 17 短接 18 和 19 短接，28 和 29 短接 20 和 21 短接，30 和 31 短接 22 和 23 短接，32 和 33 短接

（6）X305，控制柜内部蓄电池 X305 接口接入到控制柜控制单元（CCU 或 CCU_ SR）。

（7）机器人系统接地，机器人系统的接地要求为等电位连接，即在机器人和控制柜之间用一根 $16mm^2$ 的接地电缆连接，另外机器人和控制柜各自使用至少 $16mm^2$ 的铜质电缆与单元的等电位连接。

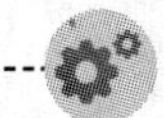

技能训练

一、训练目的

（1）了解工业机器人系统。

（2）认识 KUKA 工业机器人。

二、训练内容与步骤

（1）参观 KUKA 工业机器人实训室。

1）学习 KUKA 工业机器人实训室的基本规则。

2）观察 KUKA 工业机器人实训设备。

（2）观察 KUKA 工业机器人系统。

1）观察 KUKA 工业机器人本体。

2）观察 KUKA 工业机器人控制器。

3）观察 KUKA 工业机器人系统接口与线缆的连接。

4）观察 KUKA 工业机器人的示教器。

5）了解 KUKA 工业机器人的开机顺序。

6）观察 KUKA 工业机器人的 6 个关节示教运动。

7）观察 KUKA 工业机器人的直线示教运动。

任务 2　启停 KUKA 机器人

基础知识

一、机器人使用安全注意事项

1. 操作安全

（1）只允许在机器正常运行的状态下、按规定且有安全意识地使用本机器人系统。不正确的使用会导致人员伤害及设备受损。

（2）即使在机器人控制系统已关断且已进行安全防护的情况下，仍应考虑到机器人系统可能进行的运动。错误的安装（如超载）或机械性损坏（如制动闸故障）会导致机器人或附加轴向下沉降。如在已关断的机器人系统上作业，则须先将机器人及附加轴行驶至一个无论在有负载或无负载情况下都不会自动运行的状态。如没有这种可能，则必须对机器人及附加轴作相应的安全防护。

（3）在安全防护装置功能不完善的情况下，机器人系统可能会导致人员伤害或财产损失。在安全防护装置被拆下或关闭的情况下，不允许运行机器人系统。

（4）运行期间，电机达到的温度极高，可能导致皮肤烧伤，因此尽可能避免与之接触，必要时使用合适的防护装备。

（5）机器人系统出现故障时，必须执行以下工作：

1）关断机器人控制系统并做好保护，防止未经许可的重启；

2）通过相应提示的铭牌来标明故障；

3）对故障进行记录；

4）排除故障并进行功能检查。

2. 编程安全措施

（1）编程时不允许任何人在机器人控制系统的危险区域内逗留。

（2）若必须进入系统危险区域，则必须采取安全措施。

（3）新程序必须在手动慢速运行方式下进行测试。

（4）若不需要驱动装置，为防误启动，可将其关闭。

（5）工具、机器人或附加轴不允许碰触隔栏或伸出。

（6）KCP 禁止乱放，防止非编程人员误触。

二、机器人的启动和停止

机器人的启动和停止分为示教移动的启动和停止，以及程序运行的启动和停止。在示教的过程中过的启动和停止主要由确认按钮与移动键决定，而程序运行过程中的启动和停止则由确认按钮与运行按钮（示教器上的绿色按钮）共同决定。

1. 示教操作步骤

（1）选择工具作为所用的坐标系，如图 1-15 所示。也可以选择其他的坐标系作为机械臂移动标准。

图 1-15　选择坐标系

（2）选择工具编号，如图 1-16 所示（需事先建立工具坐标和基坐标）。

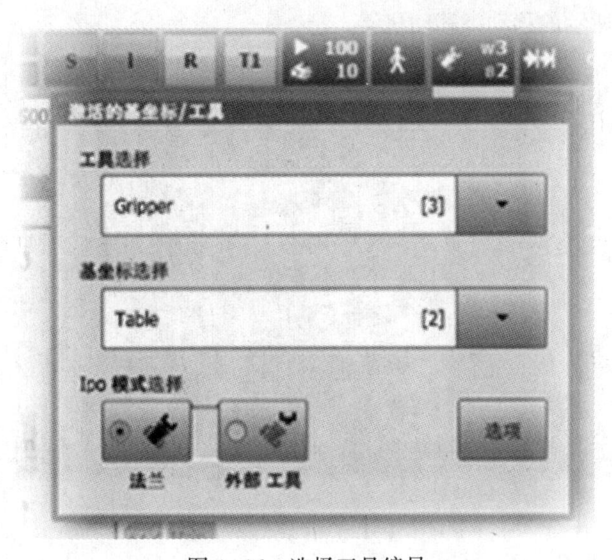

图 1-16　选择工具编号

（3）设定手动倍率（手动调节量），如图 1-17 所示。

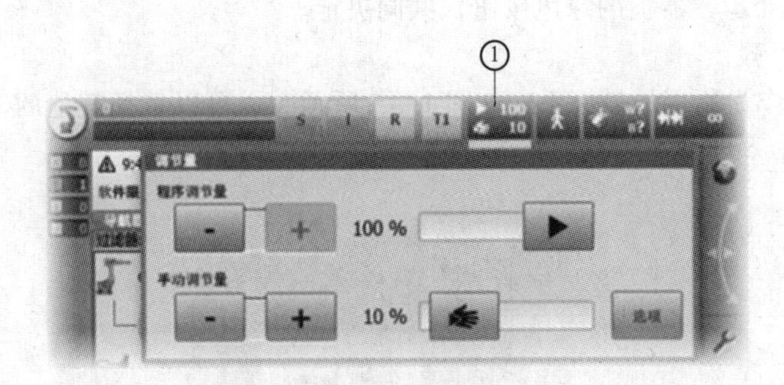

图 1-17 设定手动倍率

（4）按下确认开关至中间位置并保持按住，如图 1-18 所示。

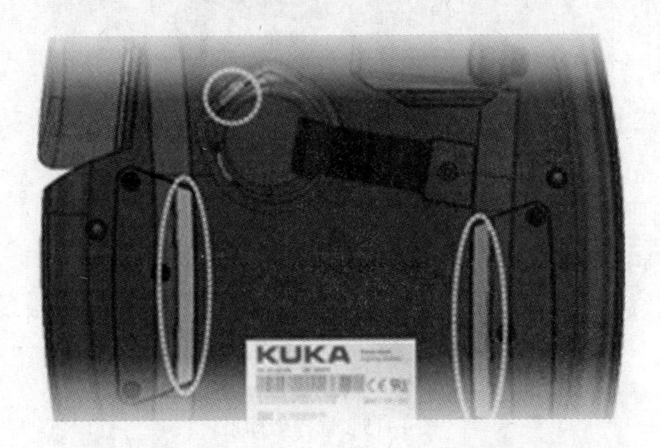

图 1-18 按下确认开关至中间位置并保持按住

（5）用图 1-19 所示的移动键移动机器人。

图 1-19 机器人移动键

（6）用 3D 鼠标将机器人朝所需方向移动，操作 3D 鼠标过程如图 1-20 所示。

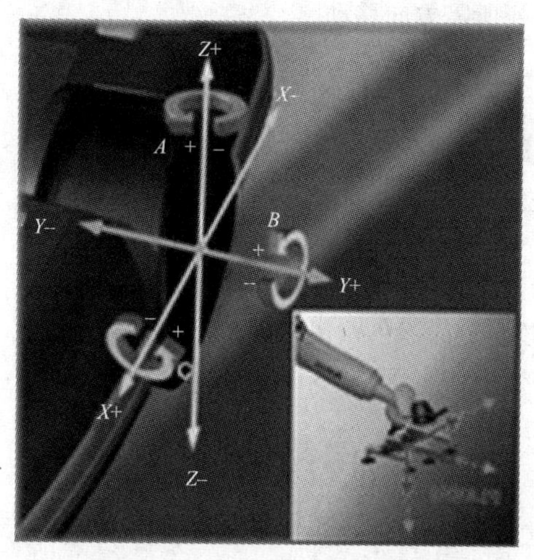

图 1-20　操作 3D 鼠标过程

2. 程序运行操作步骤

(1) 选择打开要运行的程序。

(2) 在机器人设置选项中设置操作模式为 EXPERT 专家模式。执行操作步骤：配置→用户组→单击“专家”→输入密码“KUKA”，进入专家界面。

(3) 在程序操作界面，将程序复位。

(4) 设定手动倍率。

(5) 按下确认开关至中间位置并保持按住。

(6) 按下运行按钮（示教器上的绿色按钮），程序开始逐行运行，程序中会有蓝色的光标指示，表示程序当前运行到该行。

技能训练

一、训练目标

(1) 了解机器人系统操作安全。

(2) 启动和停止 KUKA 工业机器人。

二、训练内容与步骤

(1) 学习机器人安全操作规程。

1) 学习机器人安全注意事项。

2) 学习机器人安全编程措施。

(2) 启动和停止 KUKA 工业机器人。

1) 示教启停机器人。

a. 选择工具作为所用的坐标系，也可以选择其他的坐标系作为机械臂移动标准。

b. 选择工具编号（需事先建立工具坐标和基坐标）。

c. 设定手动倍率。

d. 按下确认开关至中间位置并保持按住。

e. 用移动键移动机器人。

f. 用3D鼠标将机器人朝所需方向移动。

2）程序运行操作步骤。

a. 选择打开要运行的程序。

b. 在机器人设置选项中设置操作模式为EXPERT专家模式。

c. 在程序操作界面，将程序复位。

d. 设定手动倍率。

e. 按下确认开关至中间位置并保持按住。

f. 按下运行按钮（示教器上的绿色按钮），程序开始逐行运行，程序中会有蓝色的光标指示，表示程序当前运行到该行。

技能综合训练

一、认识KUKA工业机器人系统任务书

姓名		项目名称	认识KUKA工业机器人系统
指导教师		同组人员	
计划用时		实施地点	
时间		备注	
任务内容			
1. 了解工业机器人的相关知识。 2. 了解KUKA机器人安全操作知识。 3. 熟知KUKA机器人系统。 4. 掌握KUKA机器人系统各部件的结构及特点。 5. 掌握示教器的按键功能。 6. 掌握KUKA机器人系统的安装。 7. 掌握示教器的插入和拔下。			
考核内容	机器人系统的组成、各部件的结构及特点		
	示教器按键功能		
	KUKA机器人系统的安装		
	示教器的插入和拔下		
资料	工具	设备	
教材		KUKA多功能工作站	
课件			

二、认识 KUKA 工业机器人系统任务完成报告表

姓名		任务名称	KUKA 机器人的手动操作
班级		同组人员	
完成日期		分工任务	

（一）填空题

1. 机器人系统由__________、__________、__________、__________组成。

2. KR C4 控制器由__________、__________、__________、__________、__________几部分组成。

3. 指出示教器各个按键的名称。

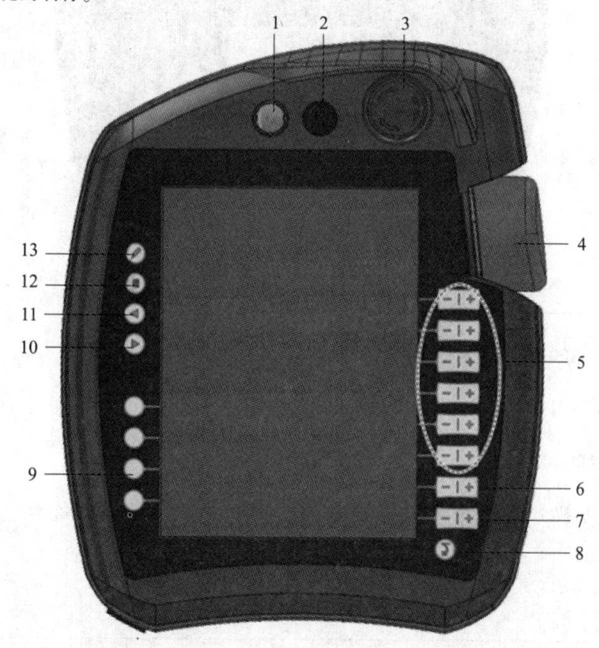

1. __________　2. __________　3. __________　4. __________

5. __________　6. __________　7. __________　8. __________

9. __________　10. __________　11. __________　12. __________

13. __________

续表

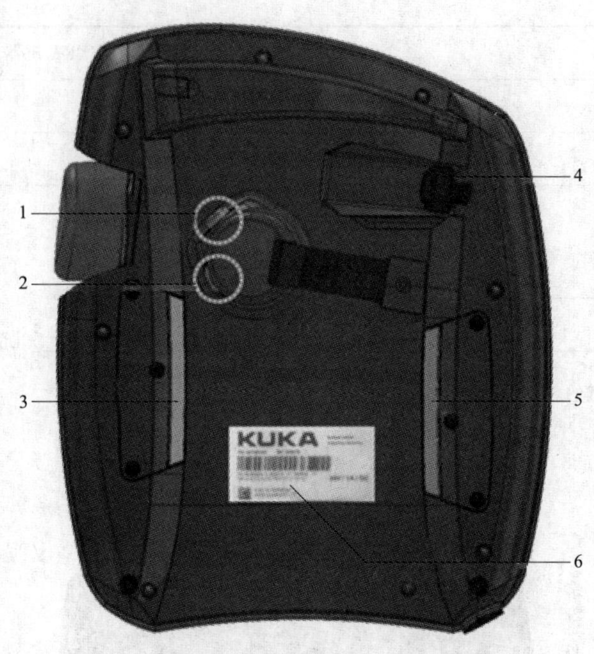

1. ________ 2. ________ 3. ________ 4. ________ 5. ________ 6. ________

4. 用于连接控制柜接口 X20-机器人本体接口 X30 是________________。

5. 用于连接控制柜接口 X21-机器人本体接口 X31 是________________。

6. X19 是________接口，X11 是________接口。

7. 所有不包括在工业机器人系统内的设备称为________，常用的设备有________、________、________等。

（二）判断题

1. 如果在计数器未运行的情况下取下示教器 SmartPAD，会触发紧急停止，只有重新插入示教器 SmartPAD 后，才能取消紧急停止。 （ ）

2. 当 SmartPAD 拔出后，则无法再通过 SmartPAD 上的紧急停止按钮来使设备停机，所以，必须在机器人控制系统上外接一个紧急停止装置。 （ ）

3. X11 接口对于不同控制柜型号，其接口接线图也不一样，主要分为 3 类。 （ ）

续表

（三）简答题

1. 什么是工业机器人？

2. 列举工业机器人在生活、工作中的应用。

3. 什么是机械手？

4. 谁控制机器人运动？

5. 工业机器人系统中的示教器有什么作用？

6. 简述 KUKA 机器人系统安装的操作步骤。

项目二 KUKA机器人的基本操作

学习目标

（1）了解 KUKA 机器人示教器 KUKA SmartPAD。

（2）使用示教器 SmartPAD 控制 KUKA 机器人。

任务 3 试用示教器 KUKA SmartPAD

基础知识

一、示教编程器

1. KUKA SmartPAD

在 KUKA SmartPAD 上，可以通过触摸屏和系列功能按钮实现对机器人运行轨迹的示教和编程。KUKA SmartPAD 一般可用 SmartPAD 表示，通常也称为“KCP”（KUKA 控制面板）。

（1）KUKA SmartPAD 正面。KUKA SmartPAD 正面如图 2-1 所示。

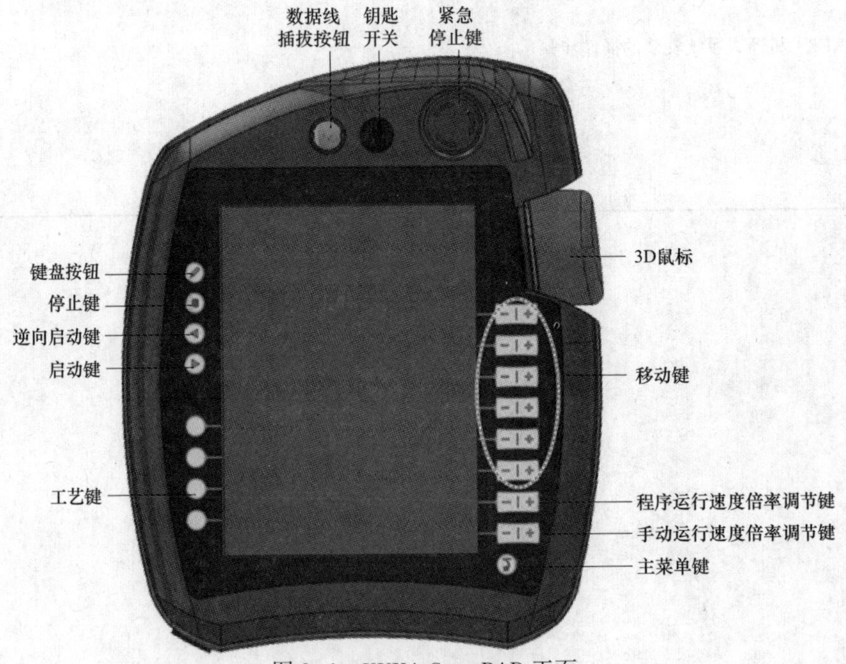

图 2-1 KUKA SmartPAD 正面

KUKA SmartPAD 的主要按键及说明如下。

1）SmartPAD 数据线插拔按钮。按下后可进行数据线的插拔操作。

2）模式切换旋钮（钥匙开关）。只有插入了钥匙后，模式切换旋钮才可用。

3）紧急停止键。用于在危险情况下使机器人停机。紧急停止按键在被按下时将自行闭锁。

4）3D 鼠标。用于手动移动机器人。

5）移动键。用于手动移动机器人。

6）程序运行速度倍率调节键用于设定程序调节。

7）手动运行速度倍率调节用于设定手动调节。

8）主菜单键。用来在 Smart 屏幕上将菜单项显示出来，调出主菜单。

9）工艺键。主要用于设定工艺程序　包中的参数，用户可自定义功能。

10）启动键。启动程序。

11）逆向启动键。可启动一个程序的逆向运行。

12）停止键。停止正在运行中的程序。

13）键盘按钮。显示软键盘，可切换运行。

（2）KUKA SmartPAD 背面。KUKA SmartPAD 背面如图 2-2 所示。

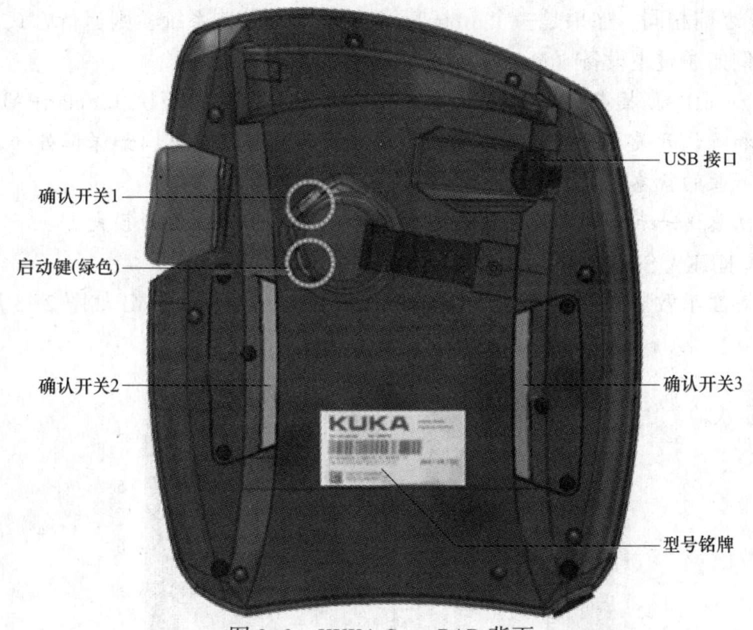

图 2-2　KUKA SmartPAD 背面

1）确认开关 1。确认开关 1 有未按下 、中间位置、完全按下 3 个位置，在运行方式 T1 或 T2 中，确认开关必须保持在中间位置。方可开动机器人。在采用自动运行模式和外部自动运行模式时，确认开关不起作用。

2）启动键（绿色）。通过启动键可启动一个程序。

3）确认开关 2。

4）USB 接口。可用于存档/还原等方面，仅适于 FAT32 格式的 USB。

5）确认开关 3。

6）型号铭牌。

（3）取下 SmartPAD。取下 SmartPAD 的操作步骤及注意事项如下。

1）按下用来拔下 SmartPAD 的按钮。此时屏幕上会显示一个信息和一个计时器，计时器计时 30s。在此时间内可从机器人控制器上拔下 SmartPAD。如果在计时器未运行的情况下取下 SmartPAD，会触发紧急停止。只有重新插入 SmartPAD 才能取消紧急停止。

2）从机器人控制器上拔下 SmartPAD。如果在计时器计时期间没有拔下 SmartPAD，则此次计时失效。可任意多次按下用于拔下的按钮，以再次显示计时器。

注意： 如果已取下 SmartPAD，则无法再通过 SmartPAD 上的紧急停止按键来关断设备。因此必须在机器人控制系统上外接一个紧急停止装置。

运营商应负责将脱开的 SmartPAD 立即从设备中取出并将其妥善保管。保管处应远离在工业机器人上作业人员的视线和接触范围。目的是为了防止混淆有效的和无效的紧急停止装置。

如果没有注意该措施，则可能会造成人员死亡、严重身体伤害或巨大的财产损失。

（4）插入 SmartPAD。

1）将 SmartPAD 插入机器人控制器。可随时插入 SmartPAD。前提是与拔出的 SmartPAD 类型相同。插入 30s 后，紧急停止和确认开关再次恢复功能。将自动重新显示操作界面（可能需要 30s 以上）。

2）插入的 SmartPAD 会应用机器人控制器，控制当前运行方式。当前运行方式并不总是与拔出 SmartPAD 之前相同。如果是一个 RoboTeam 的机器人控制系统，则运行方式可能在拔出之后发生变化，例如通过主设备（Master）。

注意： 将 SmartPAD 插在机器人控制器上的用户，之后至少必须在 SmartPAD 旁停留 30s，直到紧急停止和确认开关再次恢复正常功能。这样可避免安全隐患，如保证另一用户在紧急情况下可以使用有效的紧急停止。

如果没有注意这一点，则可能会造成人员死亡、身体伤害或财产损失。

2. 示教器 KUKA SmartPAD 的操作

（1）操作界面示教器 KUKA SmartPAD 的操作界面 KUKA SmartHMI 如图 2-3 所示，操作界面说明见表 2-1。

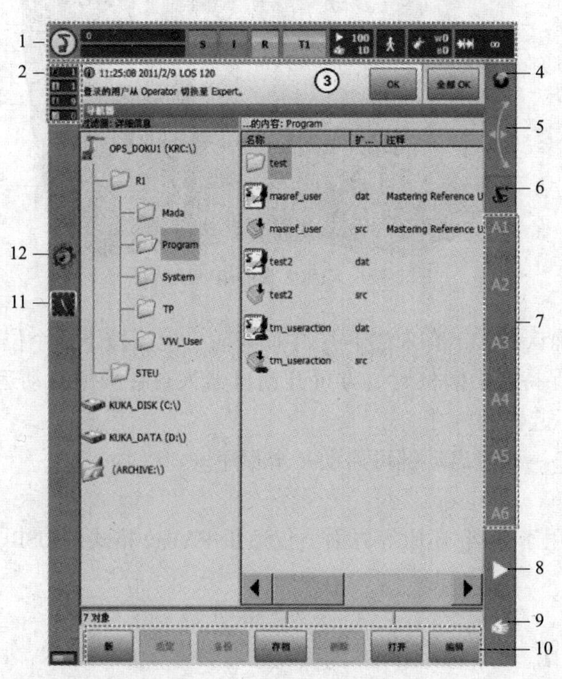

图 2-3 KUKA SmartHMI

表 2-1　　　　　　　　　　　　操作界面说明

序　号	说　　明	作　　用
1	状态栏	显示工业机器人特定设置的状态
2	信息提示计数器	信息提示计数器显示每种信息类型各有多少信息提示等待处理。触摸信息提示计数器可放大显示
3	信息窗口	根据默认设置将只显示最后一个信息提示。触摸信息窗口可放大该窗口并显示所有待处理的信息。可以被确认的信息可用 OK 键确认。所有可以被确认的信息可用"全部 OK"键一次性全部确认
4	空间鼠标状态显示	显示用空间鼠标手动运行的当前坐标系。触摸该显示，就可以显示所有坐标系并选择另一个坐标系
5	空间鼠标显示定位	触摸该按钮，会打开一个显示空间鼠标当前定位的窗口，在窗口中可以修改定位
6	状态显示运行性	该按钮可显示用运行键手动运行的当前坐标系。触摸该按钮就可以显示所有坐标系并选择另一个坐标系
7	运行键标记	如果选择了与机械轴相关的运行，这里将显示轴号（Al、A2 等）； 如果选择了笛卡尔式运行，这里将显示坐标系的方向（X、Y、Z、A、B、C）；触摸标记会显示选择了哪种运动系统组
8	程序倍率	设置程序运行速率
9	手动倍率	设置手动运行速率
10	按键栏	按键栏将动态进行变化，并总是针对 SmartHMI 上当前激活的窗口； 最右侧是按键编辑，用这个按键可以调用导航器的多个指令
11	时钟	时钟可显示系统时间，触摸时钟就会以数码形式显示系统时间以及当前日期
12	Work Visual 图标	如果无法打开任何项目，则位于右下方的图标上会显示一个红色的小×，这种情况会发生在例如项目所属文件丢失时。在此情况下系统只有部分功能可用，如将无法打开安全配置

（2）状态栏。状态栏显示工业机器人特定设置的状态，如图 2-4 所示。多数情况下通过触摸就会打开一个窗口，可在其中更改设置。

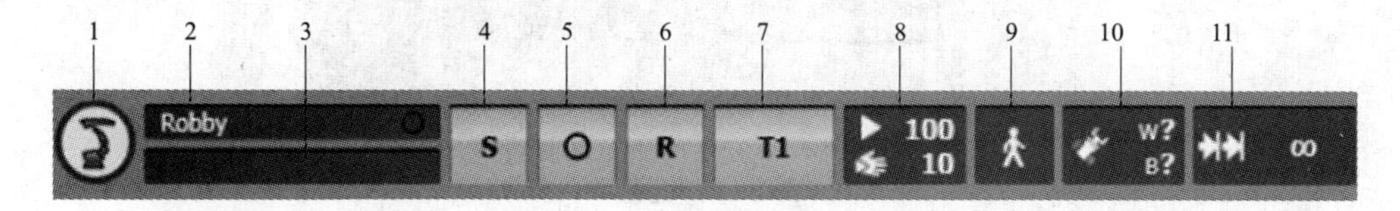

图 2-4　状态栏

1—主菜单按键；2—选择程序 0；3—选择程序 1；4—状态显示"提交解释器"：显示程序整体的状态；5—装置准备状态；6—程序内部的运行状态；7—运行模式；8—进程速度；9—程序运行方式；10—工具、工件坐标系选择；11—移动速率

1）主菜单，触摸即可调出主菜单，以便下一步操作。

2）选择程序 0。

3）选择程序 1。

4）"T1"为运行模式。

5）进程速度，上部表示程序进程速度，下部表示手动进程速度。

6）程序运行方式。

7）工具、工件坐标系选择，上部是工具坐标系选择，下部是工件坐标系选择。

（3）S 状态。状态栏中的“S”图标为状态提交解释器，它的颜色不同，表示不同的状态。

1）黄色：选择了提交解释器，语句指针位于所选提交程序的首行。

2）绿色：提交解释器正在运行。

3）红色：提交解释器被停止。

4）灰色：提交解释器未被选择。

（4）I 状态。状态中的“I”显示的是装置的准备情况。

1）红色表示各驱动装置未准备就绪。

2）绿色表示各驱动装置准备就绪。

（5）R 状态。状态栏中的“R”显示的是程序内部的运行状态。

1）黄色：程序句子指针位于选定工作程序的第一行。

2）绿色：工作程序正在运行。

3）红色：选定并开始运行的工作程序停止。

4）黑色：程序句子指针位于选定工作程序的第一行。

5）灰色：没有选定工作程序。

（6）键盘。SmartPAD 配备有触摸屏，可用手指或指示笔进行操作。SmartHMI 上有一个键盘可用于输入字母和数字，SmartHMI 可自动识别什么时候需要输入字母或数字并自动显示键盘，键盘只显示需要的字符。例如如果需要编辑一个只允许输入数字的栏，则只会显示数字而不会显示字母，如图 2-5 所示。

图 2-5　键盘

（7）接通机器人控制系统，并启动库卡系统软件（KSS）。

1）将机器人控制系统上的主开关置于 ON（开）。

2）操作系统和 KUKA 系统软件（KSS）自动启动。若 KSS 未能自动启动，如因自动启动功能被禁止，则从路径 C：\ KRC 中启动程序 StartKRC. exe。

（8）调用主菜单。单击 KCP 上的主菜单按键打开主菜单窗口，如图 2-6 所示，通常显示上次关闭窗口时的视图。

主菜单窗口属性及操作说明如下。

1）左栏中显示主菜单。

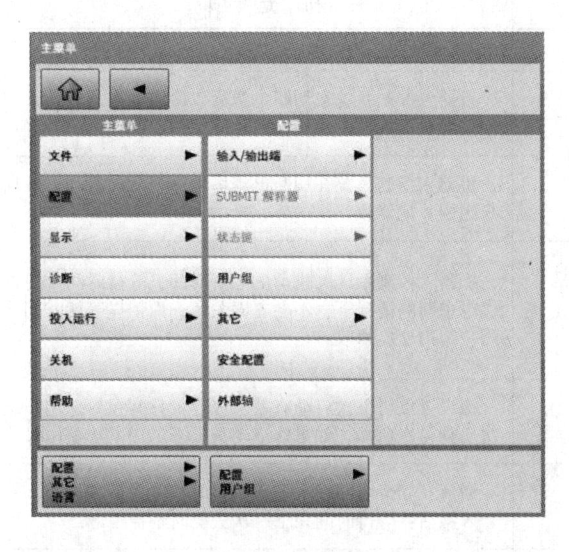

图 2-6　主菜单

2）用箭头触及一个菜单项将显示其所属的下级菜单（例如配置）。视打开下级菜单的层数多少，可能会看不到主菜单栏，而且只能看到下级菜单。

3）右上箭头键重新显示上一个打开的下级菜单。

4）左上 Home 键显示所有打开的下级菜单。

5）在下部区域将显示上一个所选择的菜单项（最多 6 个）。这样能直接再次选择这些菜单项，而无须先关闭打开的下级菜单。左侧白叉用于关闭窗口。

（9）配置 SmartPAD 语言为中文。SmartPAD 出厂语言默认为英文，为操作方便，可将其设置为中文，操作方法如下。

1）单击主菜单按钮。

2）选择配置。

3）选择配置其他语言。

4）选择 Chinese，单击 OK 按钮。

5）重启后，主菜单即切换为中文。

（10）KSS 结束或重新启动。KSS 结束或重新启动的前提条件为应用人员用户群，运行方式 T1 或 T2。操作步骤如下。

1）在主菜单中选择关闭。

2）选择所需的选项。

3）按下结束 KRC。点击“是”按键，确认安全询问。

4）KSS 将结束。

如果在结束时，选择了选项重新启动，则只要重启的过程还未完成，就不允许操作机器人控制器上的主开关，否则会损坏系统文件。如果在结束时没有选择该选项，则在关断控制系统时可以操作主开关。

如果机器人控制系统识别出一个系统错误或确认有数据发生改变，则无论选择的是何种启动方式，KSS 都将以冷启动方式启动。

“关机”窗口如图 2-7 所示。关机选项见表 2-2。

表 2-2　　关 机 选 项

选　项	说　明
启动类型—冷启动	机器人控制系统在切断电源后以冷启动方式启动（切断电源和启动通常由断开和接通机器人控制系统上的主开关引起），该设定只有在专家用户组内才能修改
启动类型—休眠	机器人控制系统在切断电源后以休眠后的启动方式启动，该设定只有在专家用户组内才能修改
关机等待时间	机器人控制系统关机前的等待时间，等待时间可使得例如在系统出现极短时间供电中断的情况下，不会立即关闭，而依靠等待时间度过断电，该值只有在专家用户组内才能修改
强制冷启动	该设置仅对下次启动有效，该设置只有在专家用户组内才能修改；激活：下一次启动为冷启动，如果在启动类型下选择了选项休眠，该设置也有效
关机等待时间	激活：等待时间在下一次关机时被考虑进去； 未激活：等待时间在下一次关机时不被考虑
控制系统 PC 关机	仅在运行方式 T1 和 T2 下可供使用； 机器人控制系统被关机
重新启动控制系统 PC	仅在运行方式 T1 和 T2 下可供使用； 机器人控制系统被关机，然后又立刻重新启动
关闭驱动总线/接通驱动总线	仅在运行方式 T1 和 T2 下可供使用； 可以关闭或接通驱动总线，驱动总线状态的显示为：绿色表示驱动总线接通，红色表示驱动总线关闭，灰色表示驱动总线状态未知

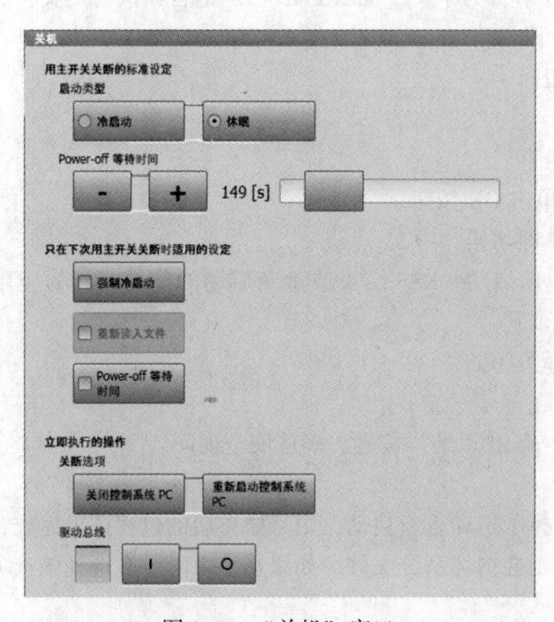

图 2-7　“关机”窗口

（11）启动类型。启动类型见表 2-3。

表 2-3 启动类型

选　　项	说　　明
冷启动	冷启动之后机器人控制系统显示导航器。没有选定任何程序。控制器将完全初始化，例如，所有的用户输出端均被置为 FALSE
休眠	以休眠方式启动后可以继续执行先前选定的机器人程序。基础系统的状态，例如程序、语句显示器、变量内容和输出端，均全部得以恢复。 此外，所有与机器人控制系统同时打开的程序又重新打开并处于关机前的状态。Windows 也重新恢复到之前的状态

（12）关闭机器人控制系统。将机器人控制系统的主开关切换到 OFF 位置，机器人控制系统将会自动备份数据。

（13）设定操作界面的语种。

1）在主菜单中选择“配置”→“工具”→“语种”。

2）选择所需的语种。用 OK 键确认。

（14）更换用户组。

1）在主菜单中选择“配置”→“用户组”，将显示出当前用户组。

2）若欲切换至默认用户组，则按下“标准”（如果已经在默认的用户组中，则不能使用标准）。

3）若欲切换至其他用户组，则按下“登录…”，选定所需的用户组。

4）如果需要，输入密码并按下“登录”确认。

（15）锁闭机器人控制系统。机器人控制系统可被锁闭。由此可将其对所有的动作均锁闭，除了重新登录之外。在默认用户组中无法锁闭机器人控制系统，因此，锁闭机器人控制系统的前提是默认用户组未被选择。操作步骤如下。

1）在主菜单中选择“配置”→“用户组”。

2）按下锁闭。机器人控制系统将对除了登录之外的所有动作锁闭。将显示出当前用户组。

3）重新登录。若要作为默认用户登录，按下“标准”；若要作为其他用户登录，按下“登录”，选定所需用户组，并按下“登录”确认。如果需要，输入密码并按下“登录”确认。

（16）更换运行方式。运行方式见表 2-4。更换运行方式的步骤如下。

1）在 SmartPAD 上转动用于连接管理器的开关，会显示连接管理器。

2）选择运行方式。

3）将用于连接管理器的开关再次转回初始位置。所选的运行方式会显示在 SmartPAD 的状态栏中。

表 2-4 运行方式

运行方式	应　　用	速　　度
T1	用于测试运行、编程和示教	程序验证：编程速度最高 250 mm/s 手动运行：手动运行速度最高 250 mm/s
T2	用于测试运行	程序验证：编程速度
AUTO	用于不带上级控制系统的工业机器人	程序验证：编程速度
AUTO EXT	用于带有上级控制系统（例如 PLC）的工业机器人	程序验证：编程速度

(17) 窗口信息提示。控制器与操作员的通信通过信息窗口实现，如图 2-8 所示。其中信息窗口显示当前信息提示；信息提示计数器显示每种信息提示类型的信息提示数。共有 5 种信息提示类型，见表 2-5。

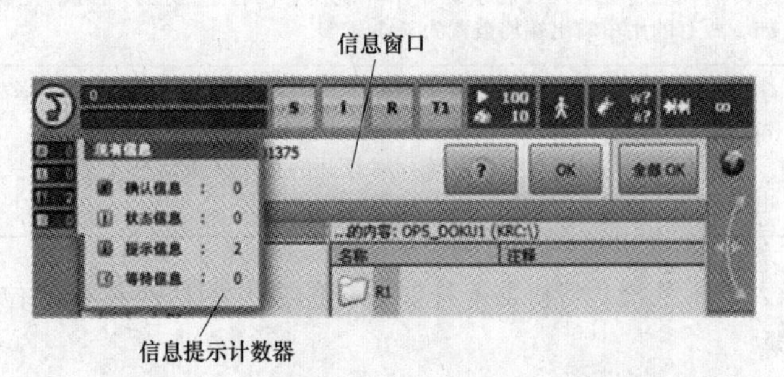

图 2-8 信息窗口

表 2-5 信息提示类型

图 标	类 型	说 明
	确认信息	用于显示需操作员确认才能继续处理机器人程序的状态（如“确认紧急停止”），确认信息始终引发机器人停止或抑制其启动
	状态信息	状态信息报告控制器的当前状态（如：“紧急停止”），只要这种状态存在，状态信息便无法被确认
	提示信息	提示信息提供有关正确操作机器人的信息（如：“需要启动键”），提示信息可被确认。只要它们不使控制器停止，则无需确认
	等待信息	等待信息说明控制器在等待哪一事件（状态、信号或时间），等待信息可通过按“模拟”按键手动取消
	对话信息	对话信息用于与操作员的直接通信/问询，将出现一个含各种按键的信息窗口，用这些按键可给出各种不同的回答

(18) 提示信息处理。信息提示中始终包括日期和时间，以便为研究相关事件提供准确的时间，如图 2-9 所示。

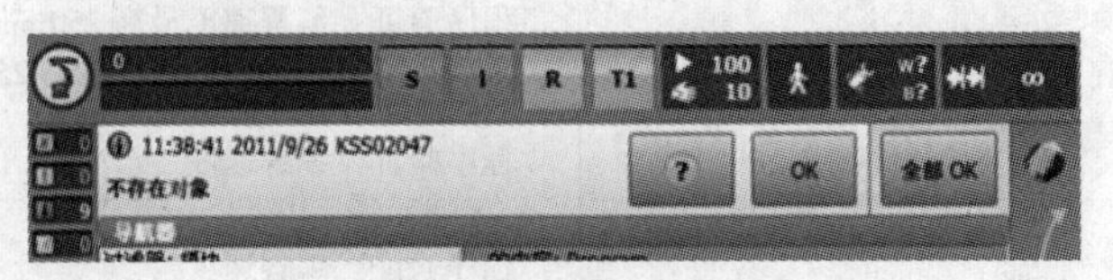

图 2-9 提示信息处理

查看和确认信息提示的操作如下。

1）触摸信息窗口以展开信息提示列表。

2）确认，用“OK”键来对各条信息提示逐条进行确认；或者用“全部 OK”键来对所有信息提示进行确认。

3）再触摸一下最上边的一条信息提示或按屏幕左侧边缘上的“×”将关闭信息提示列表。

二、KUKA 机器人的手动操作

1. KUKA 机器人坐标系

在 KUKA 机器人系统中，常用的坐标有 $ WORLD（世界坐标系）、$ ROBROOT、$ BASE（基础坐标系）和 $ TOOL（工具坐标系）4 种，如图 2-10 所示。

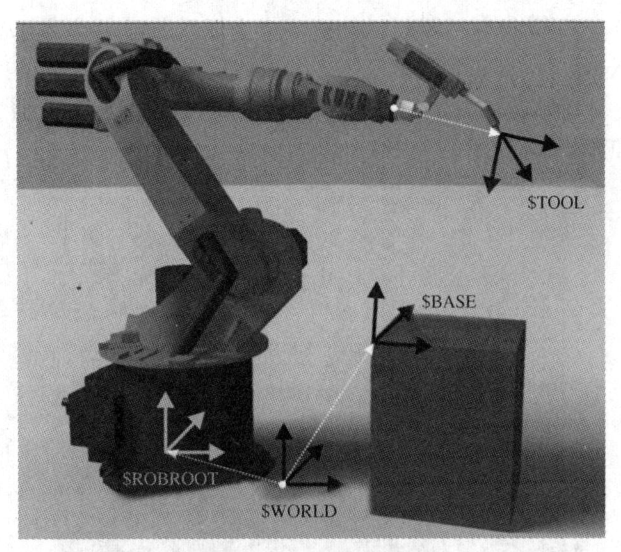

图 2-10　机器人坐标系

（1）世界坐标系。$ WORLD 是一个固定定义的坐标系，是用于 $ BASE 和 $ ROBROOT 的原点坐标系，它位于机器人的底部。

（2）ROBROOT 坐标系。$ ROBROOT 原点定义在机器人安装面与第一转动轴中心的交点处，它可以根据世界坐标系来说明机器人的位置。在默认的配置中，ROBROOT 坐标系与世界坐标系是一致的，$ ROBROOT 可用来表示机器人相对于世界坐标系的移动。

在许多情况下，$ ROBROOT 是使用最为方便的一种坐标系，因为它对工具、工件或其他机械单元没有依赖性。

（3）基础坐标系。$ BASE 是一个笛卡尔坐标系，说明工件的位置，它定义工件相对于世界坐标系的位置。机器人可以有多个工件的基础坐标系，适用于不同工件的操作。基础坐标系也可以表示同一工件在不同位置的若干副本。对机器人进行编程控制时，就是在基础坐标系中创建目标和路径。在重新定位工作站中的工件时，只需改变工件的基础坐标系的位置，所有路径也随之改变。

（4）工具坐标系。$ TOOL 也是一种笛卡尔坐标系，通常将工具中心点（Tool Center Point，TCP）设置为坐标原点，并以此定位工具的位置和方向。执行程序过程中，机器人就将 TCP 移至编程位置。如果改变了工具，机器人的移动也将随其改变。在进行相对工件不改变工具姿态的平移时，选用工具坐标系较合适。如使用工具坐标系对钻、铣、锯等进行编程和调整。

(5) 机器人坐标系的转角。机器人坐标系的转角见表 2-6。

表 2-6　　机器人坐标系的转角

转　角	绕轴旋转
转角 A	绕轴 *Z* 旋转
转角 B	绕轴 *Y* 旋转
转角 C	绕轴 *X* 旋转

2. 手动运行机器人

(1) 手动运行机器人方式。

1) 笛卡尔式运行。手动控制机器人 TCP 沿一个坐标系的正向或反向运行，例如沿 *X* 轴坐标系的正向或反向运行。

2) 关节轴运行。控制机器人每个关节轴正向或反向运行，如关节轴 A3 的正向或反向运行。关节轴的运行如图 2-11 所示。

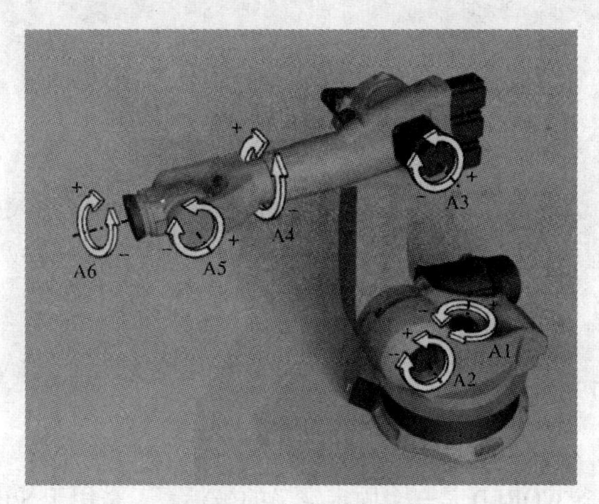

图 2-11　关节轴的运行

(2)“手动移动选项”对话框。“手动移动选项”对话框用于手动移动机器人的所有参数，可通过在 SmartHMI 上打开一个状态显示窗，如状态显示 POV，再单击选项来打开，但对于大多数参数来说，无需专门打开该对话框，可以直接通过 SmartHMI 的状态显示来设置。

1)“概述”选项卡如图 2-12 所示。

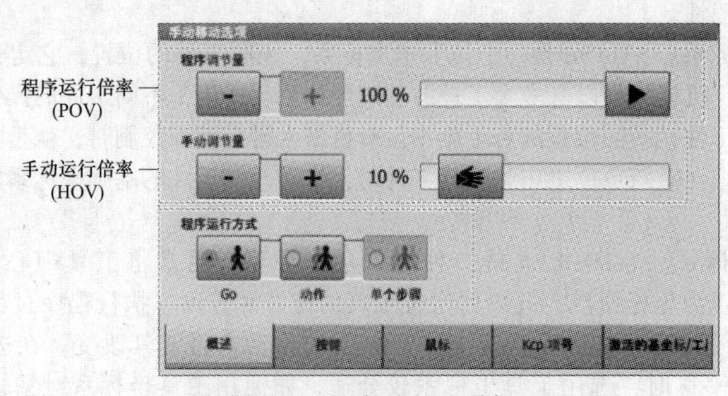

图 2-12　“概述”选项卡

从上至下，可以分别设置程序运行倍率（POV）、手动运行倍率（HOV）和程序运行方式。

2）“按键”选项卡如图 2-13 所示。

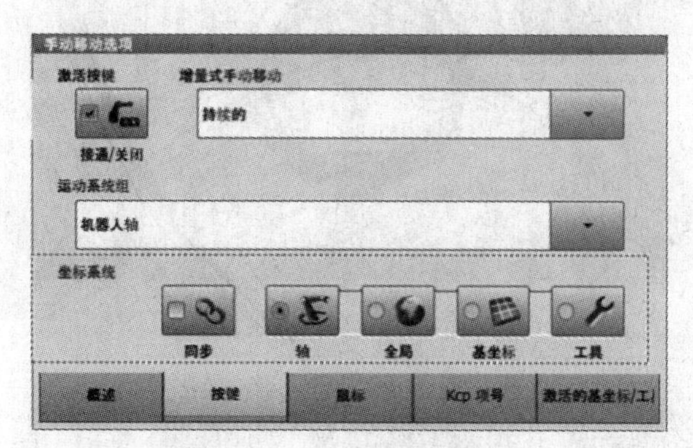

图 2-13 “按键”选项卡

a. 激活按键。可同时激活“运行键”和“空间鼠标”这两种运行模式。如果用“运行键”来运行机器人，则“空间鼠标”被锁闭，直到机器人再次静止。如果操作了“空间鼠标”，则运行键被锁闭。在按键设置界面，此按钮用于选择是否使用示教器的“按键”。

b. 运动系统组。运动系统组定义了运行键针对哪个轴，默认是机器人轴（A1…A6），根据不同的设备配置，可能还有其他的运动系统组。

c. 坐标系统。用“运行键”选择运行的坐标系统。

d. 增量式手动移动。增量式手动运行模式可以使机器人移动所定义的距离，如 10mm 或 3°，然后机器人自行停止。

3）“鼠标”选项卡如图 2-14 所示。

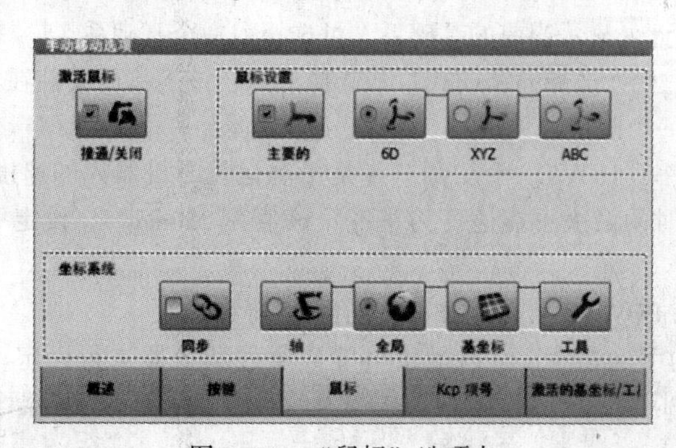

图 2-14 “鼠标”选项卡

a. 激活鼠标。选择是否使用“空间鼠标”。

b. 鼠标设置。配置“空间鼠标”。

c. 坐标系统。用“空间鼠标”选择运行的坐标系。

4）“KCP 项号”选项卡如图 2-15 所示，确定空间鼠标定位。

5）“激活的基坐标/工具”选项卡，如图 2-16 所示。

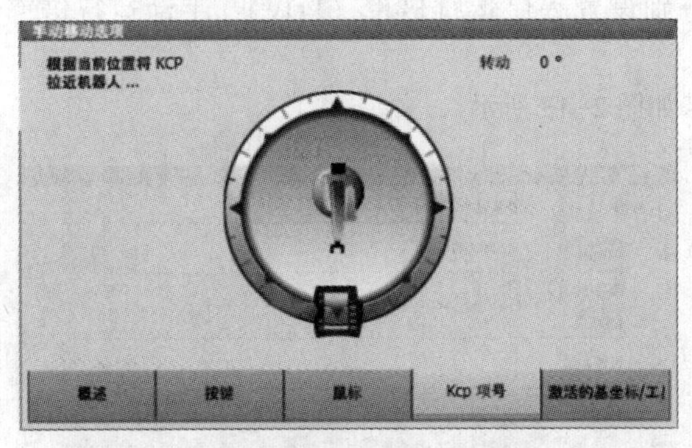

图 2-15 “KCP 项号”选项卡

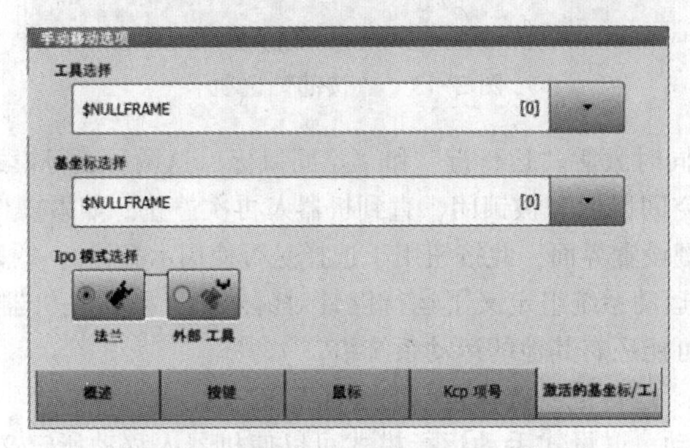

图 2-16 “激活的基坐标/工具”选项卡

a. 工具选择。此处显示当前的工具。可选择另一个工具。

b. 基坐标选择。此处显示当前的基础系。可选择另一个基础系。

c. Ipo 模式选择。此处选择插补模式。①选择法兰，该工具已安装在连接法兰处；②选择外部工具，该工具为一个固定工具。

（3）设定手动倍率（HOV）。手动调节量是手动运行时机器人的速度。它以百分比表示，以机器人在手动运行时的最大可能速度为基准。该值为 250mm/s。设定手动倍率的操作步骤如下。

1）触摸状态显示 POV/HOV。关闭窗口，倍率将打开。

2）设定所希望的手动倍率。可通过正负键或通过调节器进行设定。其中正负键可以以 100%、75%、50%、30%、10%、3%、1%步距为单位进行设定；调节器可以以 1%步距为单位进行微调。

3）重新触摸状态显示 POV/HOV，或触摸窗口外的区域，窗口关闭并应用所需的倍率。

4）也可使用 KCP 右侧的设置手动倍率的正负按键来设定倍率。可以以 100%、75%、50%、30%、10%、3%、1% 步距为单位进行设定。

（4）选择刀具和基础系。最多可在机器人控制系统中储存 16 个工具坐标系和 32 个基础坐标系。使用笛卡尔方法时，必须选择一个工具（工具坐标系）和一个基座（基础坐标系）。选择刀具和基础系的操作步骤如下。

1）触摸状态显示工具/基坐标。激活的基坐标/工具窗口打开。

2）选择所需的工具和所需的基坐标。

3）窗口关闭并应用选项。

（5）用“运行键”控制机器人进行与轴有关的移动。此时需要两个前提条件：①运行模式“ 运行键 ”已激活；②运行方式为 T1。操作步骤如下。

1）选择轴为运行键的坐标系。

2）设定手动倍率。

3）按住确认开关。

4）在“运行键”旁边将显示轴 A1～A6。

5）按下某个轴正运行键或负运行键，以使轴朝正方向或反方向运动。

（6）用运行键控制机器人按笛卡尔坐标移动。此时需要 3 个前提条件：①运行模式“ 运行键 ”已激活；②运行方式为 T1；③工具和基坐标系已选定。操作步骤如下。

1）选择运行键的坐标系统世界、基准或工具。

2）设定手动倍率。

3）按住确认开关。此时运行键旁边会显示 XYZ 与 ABC，其中 X、Y、Z 用于沿选定坐标系的轴，进行线性运动；A、B、C 用于沿选定坐标系的轴，进行旋转运动。

（7）配置“空间鼠标”。操作步骤如下。

1）打开“手动移动选项”对话框，并选择“鼠标”选项卡。

2）组别鼠标设置：

a. 复选框主要的，按需要接通或关闭主要模式。激活时，选择主要模式，运行通过“空间鼠标”达到最大偏移的轴；非激活时，主要模式已关闭。根据轴的选择，可以同时运行 3 或 6 个轴。

b. 选项栏 3 种选择 1 个，分别是 6D、XYZ、ABC。选择 6D，只能通过拉动、按压、转动或倾斜空间鼠标来移动机器人；选择 XYZ，只能通过拉动或按压“空间鼠标”来移动机器人；选择 ABC，只能通过转动或倾斜“空间鼠标”来移动机器人。

（8）确定“空间鼠标”定位。

空间鼠标（Space Mouse）可按用户所在地进行调整适配，以使 TCP 的移动方向和空间鼠标的偏转动作相适应。用户所在地则以角度为单位给出。该角度数据的参照点是机床基座上的接线盒。机器人或轴的位置不重要。默认设置为 0°，这相当于一位使用人员站在接线盒的对面，“空间鼠标”定位如图 2-17 所示。

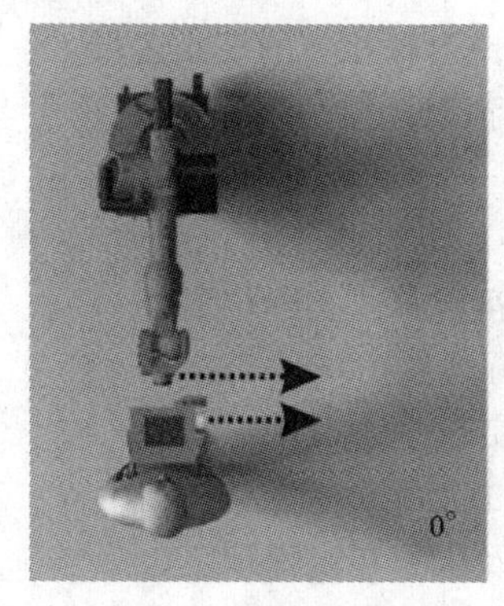

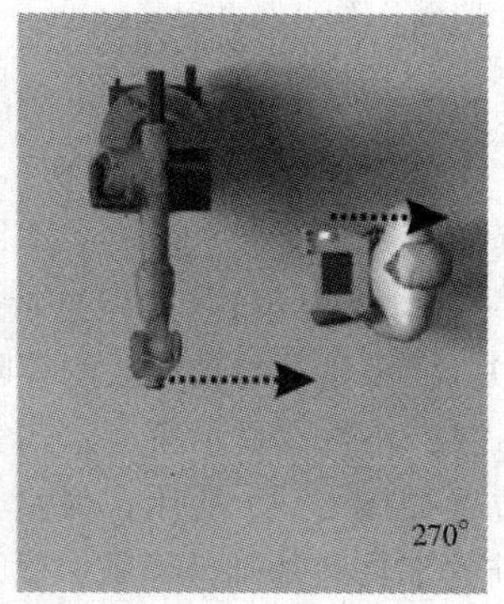

图 2-17 “空间鼠标”定位

确定“空间鼠标”定位前提条件是运行方式为 T1。确定“空间鼠标”定位操作步骤如下。

1）打开窗口手动移动选项并选择“Kcp 项号”选项卡。

2）将 KCP 拉到用户所在地相应的位置上（步距刻度=45°）。

3）关闭窗口手动移动选项。在切换成自动化外部运行方式时，“空间鼠标”自动定位为 0°。

(9) 用“空间鼠标”按笛卡尔坐标移动。此时需要前提条件：①“空间鼠标”运行方式激活；②运行方式为 T1；③工具和基坐标系已选定；④“空间鼠标”已配置；⑤“空间鼠标”已完成校准。操作步骤如下：

1）选择“空间鼠标”的坐标系统世界、基坐标系或工具。

2）设定手动倍率。

3）按住确认开关。

4）用“空间鼠标”将机器人朝所需方向移动。

(10) 增量式手动模式。增量式手动运行模式可以使机器人移动所定义的距离，如 10mm 或 3°。然后机器人自行停止。运行时可以用运行键接通增量式手动运行模式。用空间鼠标运行时不能用增量式手动运行模式。增量式手动模式的应用范围为：①以同等间距进行点的定位；②从一个位置移出所定义距离；③使用测量表调。增量式手动模式选项见表 2-7。

表 2-7　　增量式手动模式选项

设　置	说　明
持续的	已关闭增量式手动移动
100mm/10°	1 增量=100mm 或 10°
10mm/3°	1 增量=10mm 或 3°
1mm/1°	1 增量=1mm 或 1°
0.1mm/0.005°	1 增量=0.1mm 或 0.005°

以 mm 为单位的增量：适用于在 X、Y 或 Z 方向的笛卡尔运动。

以度为单位的增量：①适用于在 A、B 或 C 方向的笛卡尔运动；②适用于与轴相关的运动。

增量式手动模式前提条件是：①运行模式“运行键”已激活；②运行方式为 T1。增量式手动模式操作步骤如下。

1）在状态栏中选择增量值。

2）用运行键运行机器人，可以采用笛卡尔或与轴相关的模式运行。

如果已达到设定的增量，则机器人停止运行。

3. 显示功能

(1) 显示实际位置。

1）选择“显示”→“实际位置”。将显示笛卡尔式实际位置。

2）按“与轴相关”，将显示与轴相关的实际位置。

3）按“笛卡尔式”，将再次显示笛卡尔式实际位置。

笛卡尔式实际位置如图 2-18 所示，显示 TCP 的当前位置（X、Y、Z）和方向（A、B、C）。另外还显示当前的工具和基础坐标系，以及状态和步骤顺序。

轴相关的实际位置如图 2-19 所示，将显示轴 A1~A6 的当前位置。如果有附加轴，也显示附加轴的位置。在机器人运行过程中，也能显示实际位置。

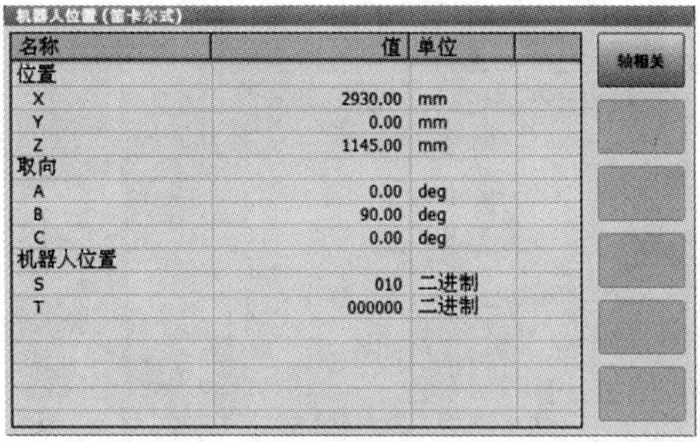

机器人位置（笛卡尔式）
名称
值
单位
位置
X
2930.00
mm
Y
0.00
mm
Z
1145.00
mm
取向
A
0.00
deg
B
90.00
deg
C
0.00
deg
机器人位置
S
010
二进制
T
000000
二进制
轴相关

图 2-18　笛卡尔式实际位置

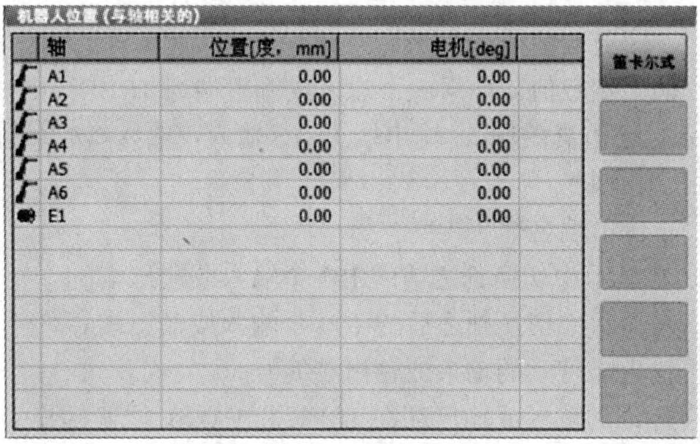

机器人位置（与轴相关的）
轴
位置[度，mm]
电机[deg]
A1
0.00
0.00
A2
0.00
0.00
A3
0.00
0.00
A4
0.00
0.00
A5
0.00
0.00
A6
0.00
0.00
E1
0.00
0.00
笛卡尔式

图 2-19　轴相关的实际位置

（2）显示数字输入 / 输出端。

1）选择“显示”→“输入/输出端”→“数字输入/输出端（E/A）”。

2）为显示某一特定输入端/输出端：选定编号列的任意一行，通过键盘输入编号，显示将跳到带此编号的输入/输出端。

3）输入端的显示如图 2-20 所示。

数字输入/输出端
编号
值
状态
名称
40
Eingang
41
Eingang
42
SIM
Eingang
43
Eingang
44
Eingang
45
Eingang
输入端
输出端
-100
+100
值
名称

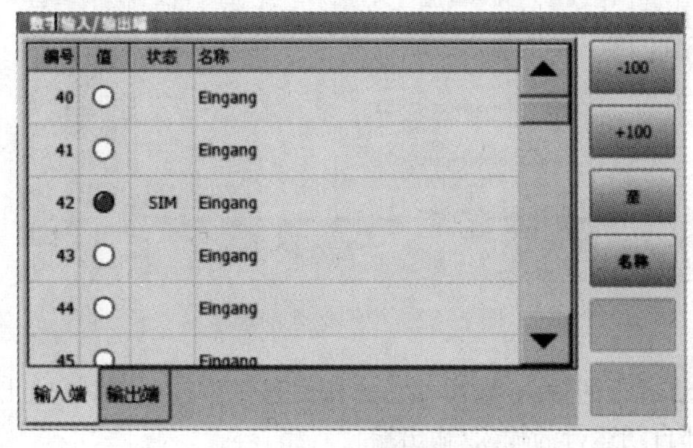

图 2-20　输入端的显示

4）输出端的显示如图 2-21 所示。

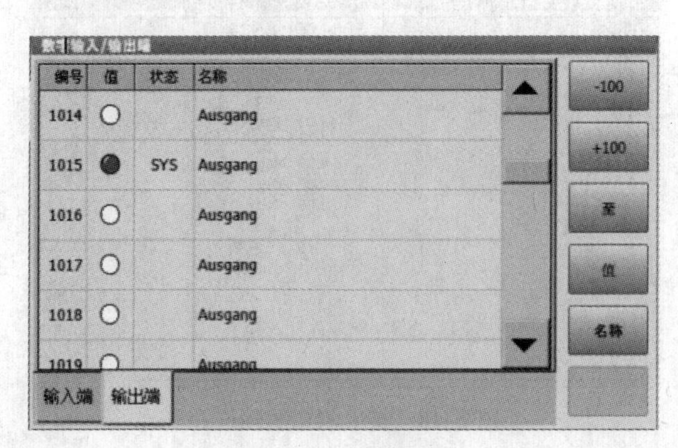

图 2-21　输出端的显示

a. 编号。显示输入/输出端编号。

b. 值。显示输入/输出端数值。如果一个输入或输出端为 TRUE，则被标记为红色。

c. 状态。SIM 输入：已仿真的输入/输出端。SYS 输入：输入/输出端的值储存在系统变量中。此类输入/输出端已写保护。

d. 名称。显示输入/输出端名称。

e. 按键“-100”。在显示中切换到之前的 100 个输入或输出端。

f. 按键“+100”。在显示中切换到之后的 100 个输入或输出端。

g. 按键“至”。可输入需搜索的输入或输出端编号。

h. 按键“值”。将标记的输入或输出端在 TRUE 和 FALSE 之间转换。

i. 按键“名称”。标记的输入/输出端名称可更改。

（3）显示模拟信号输入/输出端。操作方法与数字输入、输出端方法相同。模拟输入的显示如图 2-22 所示。

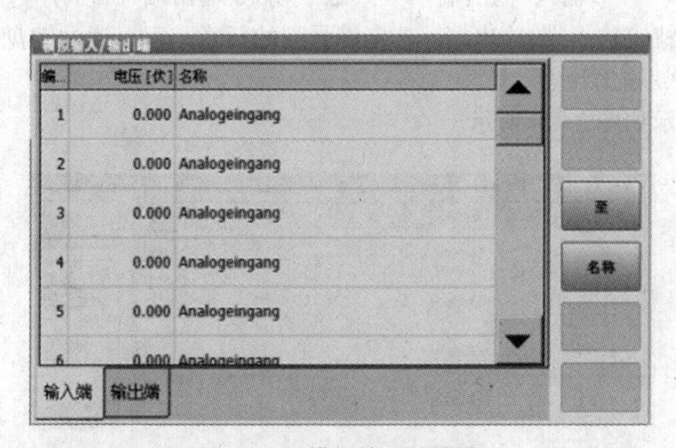

图 2-22　模拟输入的显示

（4）显示外部自动运行的输入/输出端。选择“显示”→“输入/输出端”→“外部自动运行”，可以显示外部自动运行的输入/输出端。

外部自动运行的输入端如图 2-23 所示。

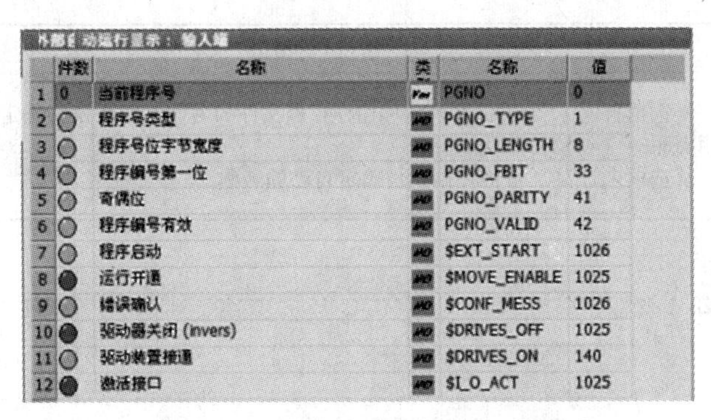

图 2-23 外部自动运行的输入端

（5）显示测量数据。

1）在主菜单中选择“投入运行”→“测量”→“测量点”，并选出所需菜单项：①工具类型；②基座型号；③外部轴。

2）输入工具、基座或者外部动作的编号，显示测量方式和测量数据。

（6）显示/编辑机器人数据。选择“投入运行”→“机器人数据”，显示/编辑机器人数据。窗口机器人数据如图 2-24 所示。

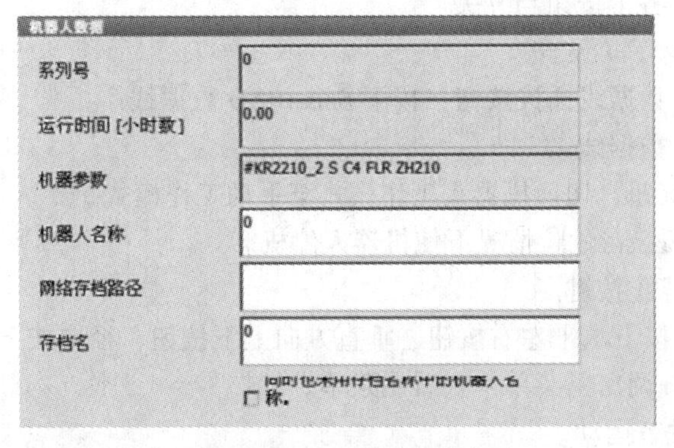

图 2-24 窗口机器人数据

窗口机器人数据说明见表 2-8。

表 2-8 窗口机器人数据

项 号	说 明
1	系列号
2	运行时间。在驱动装置接通后，运行小时计数器开始运转。也可通过 $ ROBRUNTIME 变量显示运行时间
3	机器数据名称
4	机器人名称。机器人名称可以更改
5	机器人控制器的数据可以保存到网络路径中
6	只有在复选框未激活的情况下，才能显示该栏同时也采用存档名

续表

项　号	说　明
7	复选框打勾：会将机器人名称用作存档文件的名称，如果没有确定机器人的名称，则会使用 archive（存档）作为名称； 复选框未打勾：可为存档文件确定自己的名称

技能训练

一、训练目标

（1）熟悉示教器 KUKA SmartPAD 的使用。

（2）熟练掌握在手动运行模式下的移动机器人。

二、训练内容与步骤

（1）使用示教器 KUKA SmartPAD。

1）认识 KUKA SmartPAD

a. 观察 KUKA SmartPAD 的外观。

b. 查看 SmartPAD 各个按钮与开关。

2）试用 SmartPAD。

a. 按下 SmartPAD 数据线插拔按钮，拔下 SmartPAD 数据线。

b. 插上 SmartPAD 数据线。

c. 扭动模式切换旋钮，切换机器人工作模式至手动工作模式。

d. 按下紧急停止键，在危险情况下使机器人停机。

e. 旋转解锁紧急停止按键。

f. 试用 3D 鼠标，按下水平左右按钮、垂直方向上下按钮，径向按下、拉出。

g. 按下主菜单键，调出主菜单，查看主菜单。

（2）示教机器人关节运动。

1）设置运行方式。

a. 转动 SmartPAD 上转动用于连接管理器的开关。

b. 连接管理器随即显示，选择运行方式为 T1。

c. 将用于连接管理器的开关再次转回初始位置。

2）手动移动选项设置。

a. 打开手动移动选项设置窗口。

b. 按下“按键”设置选项，进行按键选项设置。

c. 激活运行模式。

d. 选择机器人轴为运行系统组，即控制机器人做关节运行。

e. 用运行键选择轴运行坐标系。

f. 选择增量式手动移动。

g. 设置手动倍率为 10%。

3）示教机器人关节运动。

a. 将确认开关按至中间挡位并按住，在移动键旁边即显示轴 A1 至 A6。

b. 按下 A1 轴正或负移动键，以使 A1 轴朝正方向或反方向运动，观察机器人的运行。
c. 按下 A2 轴正或负移动键，以使 A2 轴朝正方向或反方向运动，观察机器人的运行。
d. 按下 A3 轴正或负移动键，以使 A3 轴朝正方向或反方向运动，观察机器人的运行。
e. 按下 A4 轴正或负移动键，以使 A4 轴朝正方向或反方向运动，观察机器人的运行。
f. 按下 A5 轴正或负移动键，以使 A5 轴朝正方向或反方向运动，观察机器人的运行。
g. 按下 A6 轴正或负移动键，以使 A6 轴朝正方向或反方向运动，观察机器人的运行。
(3) 示教机器人在世界坐标系运动。
a. 打开手动移动选项设置窗口。
b. 按下“鼠标”设置选项，进行鼠标选项设置。
c. 激活鼠标运行模式。
d. 组别鼠标设置：复选框主要的设置为非激活。
e. 选项栏，选择 6D。
f. KCP 设置为 0°。
g. 选择世界坐标系。
h. 设置手动倍率为 10%。
i. 按住确认开关至中间挡。
j. 控制 6D 鼠标，使机器人朝所需的方向移动，观察机器人的运行。

技 能 综 合 训 练

一、KUKA 机器人示教器的基本操作

1. KUKA 机器人示教器的基本操作任务书

姓名		项目名称	KUKA 机器人示教器的基本操作
指导教师		同组人员	
计划用时		实施地点	
时间		备注	
任务内容			
1. 了解示教器显示屏界面菜单功能。 2. 了解示教器状态栏菜单功能。 3. 了解示教器主菜单功能。 4. 掌握示教器的握法。 5. 掌握使能器按钮的功能与使用。 6. 掌握示教器的语言设置。 7. 掌握示教器的信息提示处理方法。 8. 掌握示教器键盘的调用。			

续表

考核内容	示教器显示屏主菜单、状态栏菜单等	
	示教器使能键的功能与使用	
	示教器的语言设置	
	示教器的信息提示处理方法	
	键盘的调用	
资料	工具	设备
教材		KUKA 多功能工作站
课件		

2. KUKA 机器人示教器的基本操作任务完成报告表

姓名		任务名称	KUKA 机器人的手动操作
班级		同组人员	
完成日期		分工任务	

（一）填空题

1. 示教器可显示最多____________个菜单项，当需要打开这些菜单项时，可以直接选择，而无须先关闭已经打开的下级菜单。

2. 指出示教器显示屏界面各图标的名称。

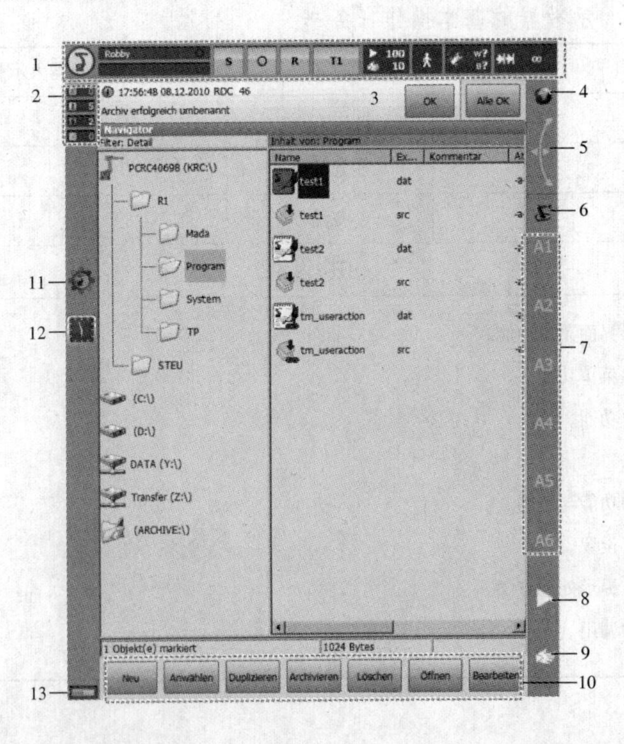

续表

1. ______ 2. ______ 3. ______ 4. ______

5. ______ 6. ______ 7. ______ 8. ______

9. ______ 10. ______ 11. ______ 12. ______

13. ______

3. 控制器与操作者的通信是通过________实现的。

4. 示教器有________种正确的握法，分别是________。

5. 使能器按钮是工业机器人为保证操作人员人身安全而设置的，只有在按下使能器按钮，并保持电动机在________的状态，才可对机器人进行________与________。当发生危险时，人会本能地将使能器按钮松开或按紧，机器人则会________，从而保证操作人员________。

6. 使能器按钮分为________，在手动状态下第一挡按下去（轻轻按下），驱动装置显示状态为________，且六轴代表字母显示为________，机器人将处于电动机________。第二挡按下去以后（用力按下），出现信息提示________，机器人就会处于防护装置________。

（二）简答题

1. 为什么要进行信息提示的处理？

2. 示教器的信息提示区有几种类型的信息，怎么处理？

3. 机器人工作在紧急情况下，有哪些处理方法？

4. 简述示教器语言设置的步骤并进行操作。

二、机器人的手动操作

1. KUKA 机器人的手动操作任务书

姓名		项目名称	KUKA 机器人的手动操作
指导教师		同组人员	
计划用时		实施地点	
时间		备注	
任务内容			

续表

1. 了解 KUKA 机器人示教器的安全操作。 2. 接通以及关闭机器人控制器。 3. 掌握示教器的单轴运动和 6D 鼠标操作。 4. 掌握机器人运行模式的切换。 5. 用 SmartPAD 进行机器人的基本操作。 6. 理解最初的简单系统信息提示并排除故障。		
考核内容	接通以及关闭机器人控制器	
	单轴单独运动	
	6D 鼠标操作	
	简单系统信息提示并排除故障	
	用示教器进行基本操作	
资料	工具	设备
教材		KUKA 多功能工作站
课件		

2. KUKA 机器人的手动操作任务完成报告表

姓名		任务名称	KUKA 机器人的手动操作
班级		同组人员	
完成日期		分工任务	

(一) 填空题

1. 手动运行机器人分为______方式，分别是______、______。

2. KUKA 机器人中规定了______种坐标系方向，分别是______、______、和______、______、______。

3. KUKA 机器人是由______个______分别驱动机器人的 6 个关节轴。

4. 在______情况下，6D 鼠标每位移一次，机器人就移动一步。

5. 在______情况下，才能手动运行。

6. 通过按确认键激活______。如果装置许可开通，则运行键的文字说明为______。只要一按运行键或 3D 鼠标，机器人轴的调节装置便______，机器人执行所需的运动。

7. 手动运行速度在 T1 运行方式下最高为______。运行方式可通过______进行设置。

8. SmartPAD 确认开关的 3 个挡位分别是______、______、______。

续表

（二）判断题

1. 信息提示框中出现“激活的指令被禁”信息时，可通过复位紧急停止按钮并且/或者在信息窗口中确认信息提示来进行补救。(　　)

2. 信息提示框中出现“软件限位开关 A5”信息时，可通过把显示的轴朝相同的方向移动进行补救。(　　)

3. 世界坐标系是系统的绝对坐标系，在没有建立用户坐标系之前，机器人上所有点的坐标都是以该坐标系的原点来确定各自的位置的。(　　)

4. 基坐标系已知，机器人的运动始终可以预测。(　　)

5. 如果一个工具坐标系已经精确测定，则在实践中可以改善机器人的手动运行，并可以在轨迹运动编程时使用。(　　)

（三）简答题

1. KRC5 R700 机器人各轴的移动范围是多少？

2. 机器人到达软件限位开关时怎么处理？

3. 机器人运动有哪些运动方式，区别是什么？

4. 以下图标分别代表什么？

(1)

(2)

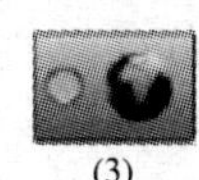
(3)

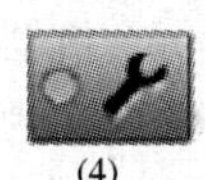
(4)

5. 手动运行的速度设置叫作什么？

（四）实操题

请按要求完成以下操作任务。

1. 接通控制柜，等待启动阶段结束。

2. 将紧急停止按钮复位并确认。

3. 确保运行方式设置为 T1。

4. 激活轴相关的手动运行。

5. 用手动运行键和 3D 鼠标以不同的手动倍率设置来手动运行机器人。

6. 了解各轴的移动范围，注意是否有障碍物。

7. 在 KUKA 多功能工作台上示教指定的点。

项目三 创建机器人坐标系

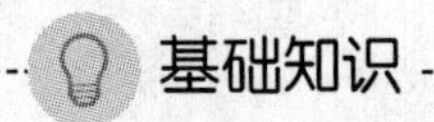

学习目标

(1) KUKA 机器人零点标定。
(2) 创建工具坐标。

任务 4 KUKA 机器人零点标定

基础知识

一、机器人的零点

1. 机器人零点的概念

零点是机器人坐标系的基准，没有零点，机器人就没有办法判断自身的位置。

在零点标定后，机器人才能达到它最高的运行点精度和运行轨迹精度，进而完全能够精确地以编程设定的动作运动，KUKA 工业机器人也是如此。

零点标定时，会给每个机器人轴分派一个标定的基准值。

完整的零点标定过程包括为每一个轴标定零点。通过技术辅助工具电子控制仪（Electronic Mastering Device，EMD），可为任何一个在机械零点位置的轴指定一个基准值（如 0°）。因为这样就可以使机器人轴的机械位置和电气位置保持一致，所以每一个轴都有一个唯一的角度值。

不同的机器人的零点标定位置校准不完全相同。精确位置在同一机器人型号的不同机器人之间也会有所不同。

2. 何时需要标定机器人零点

(1) 原则上，机器人必须时刻处于已标定零点的状态，特别是机器人投入运行时。
(2) 进行更换电机、机械系统零部件之后。
(3) 在对参与定位值感测的部件，采取了维护措施之后。
(4) 当未用控制器移动了机器人轴（如借助于自由旋转装置）时。
(5) 更换齿轮箱后。
(6) 进行了机械修理或因出现故障而删除了机器人零点。
(7) 以高于 250mm/s 的速度上行移至一个终端限位之后。
(8) 发生了机械碰撞之后。
(9) 其他造成零点丢失的状况。

二、KUKA 机器人零点标定

1. 零点标定工具 EMD

每根轴都配有一个零点标定套筒和一个零点标定标记，如图 3-1 所示。

图 3-1　零点标定工具 EMD

零点标定可通过确定轴的机械零点的方式进行，EMD 校准流程如图 3-2 所示。在此过程中，轴将一直运动，EMD 探针不断检测，到达预零点时，机器人轴减速运行，出现在探针到达测量槽最深点时，达到机械零点为止。

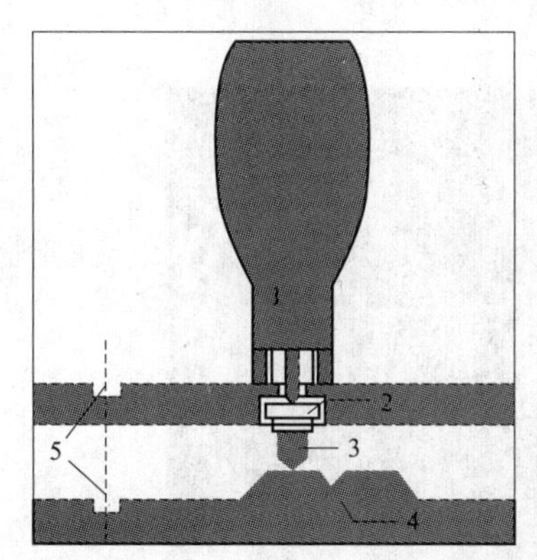

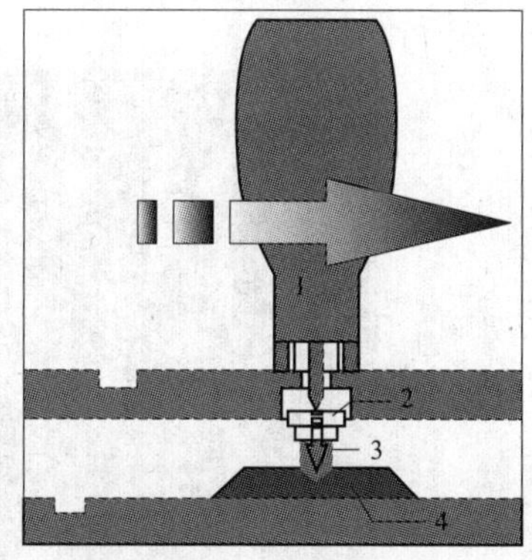

图 3-2　EMD 校准流程

1—EMD（电子检测仪）；2—测量套筒；3—探针；4—测量槽；5—预零点标定标记

2. 机器人零点标定

（1）零点标定选择。零点标定不同状况执行不同的操作，零点标定选择如图 3-3 所示。

（2）首次零点标定的操作步骤。只有当机器人没有负载时才可以执行首次零点标定。不得安装工具和附加负载。

1）将机器人移至预零点标定位置，预零点标定位置如图 3-4 所示。

2）在主菜单中选择“投入运行”→“零点标定”→“EMD”→“带负载校正”→首次零点标定。机器人投入运行，一个窗口自动打开。所有待零点标定的轴都显示出来，编号最小的轴已被选定。

3）从窗口中选定的轴上，取下测量筒的防护盖。将 EMD 拧到测量筒上，如图 3-5 所示。

4）将测量导线连到 EMD 上，并连接到机器人接线盒的接口 X32 上，如图 3-6 所示。

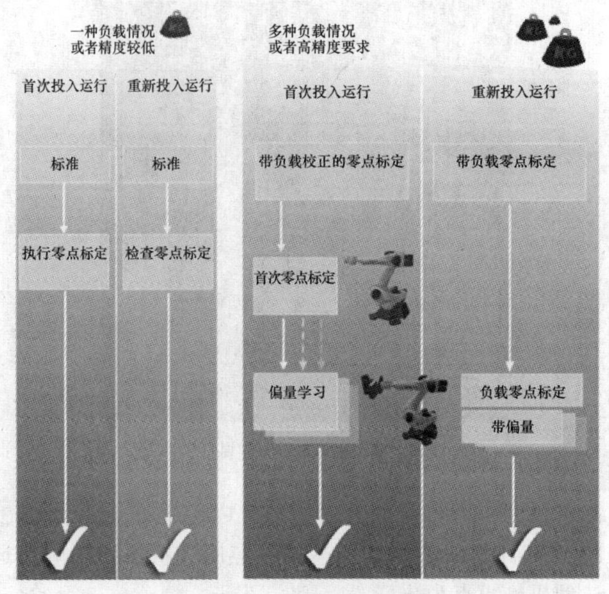

图 3-3 零点标定选择

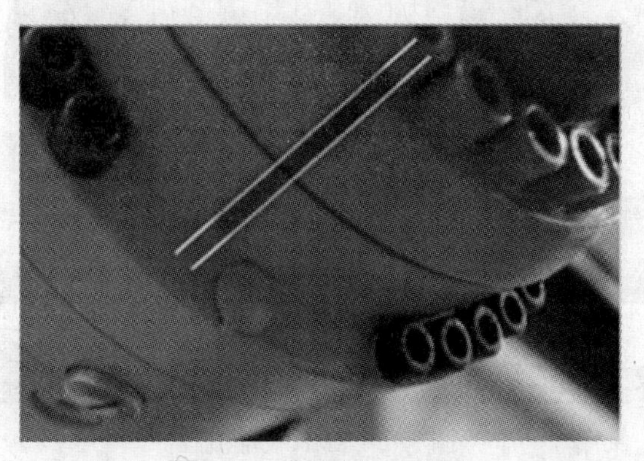

图 3-4 预零点标定位置

图 3-5 将 EMD 拧到测量筒上

图 3-6 EMD 电缆连接

注意：将 EMD 不带测量导线拧到测量筒上后，方可将测量导线接到 EMD 上，否则测量导线会被损坏。

在拆除 EMD 时也必须先拆下 EMD 的测量导线，然后，再将 EMD 装置从测量筒上拆下。

在零点标定之后，将测量导线从接口 X32 上取下。否则会出现干扰信号或导致损坏。

5）点击零点标定。

6）将确认开关按至中间挡位并按住，然后按下并按住启动键，启动键如图 3-7 所示。

7）如果 EMD 通过了测量切口的最低点，则已到达零点标定位置。机器人自动停止运行。数值被储存，零点标定完成的轴在窗口中消失。

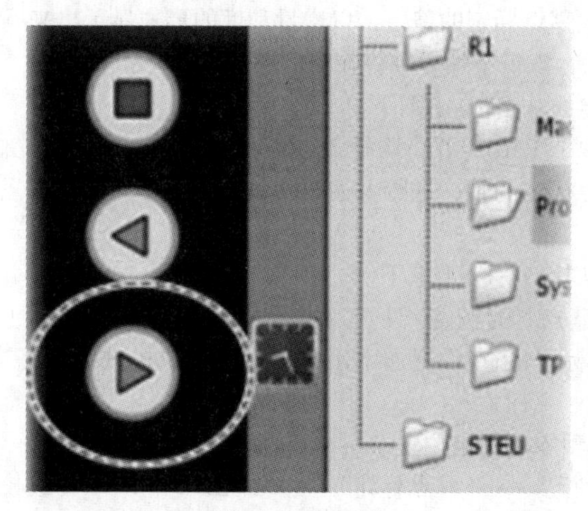

图 3-7 启动键

8）将测量导线电缆从 EMD 上取下，再从测量筒上取下 EMD，并将防护盖重新装好。

9）对所有待零点标定的轴，进行零点标定。

10）关闭窗口。

11）将测量导线从接口 X32 上取下。

三、偏量学习

通过固定在法兰处的工具重量，机器人承受着静态载荷。由于部件和齿轮箱上材料固有的弹性，未承载的机器人与承载的机器人相比，其零点位置会因材料弹性的变形而有所区别。这些区别将影响到机器人运行的精确度，因此，在机器人首次投入运行时，应进行带法兰工具负载的零点标定。

如果机器人以各种不同负载工作，则必须对每个负载都进行“偏量学习”。对于抓取沉重部件的抓爪来说，则必须对抓爪，分别在不带构件和带构件时进行“偏量学习”。

只有经带负载校正而标定零点的机器人，才具有所要求的高精确度。因此必须针对每种负荷情况，进行“偏量学习”。

1.“偏量学习”的操作步骤

“偏量学习”的操作步骤如下。

(1) 将机器人置于预零点标定位置。

(2) 选择“投入运行”→“零点标定”→“EMD”→“带负载校正”→“偏量学习”。

(3) 输入工具编号。用“工具 OK”确认。

(4) 随即打开一个窗口。所有工具还没学习的轴都将显示出来。编号最小的轴已被选定。

(5) 从窗口中选定的轴上，取下测量筒的防护盖。

(6) 将 EMD 拧到测量筒上。

(7) 将测量导线连到 EMD 上，并连接到底座接线盒的接口 X32 上。

(8) 按“学习”键。

(9) 按确认开关和“启动”键。

(10) 当 EMD 识别到测量切口的最低点时，则已到达零点标定位置。机器人自动停止运行。随即打开一个窗口。

(11) 该轴上与首次零点标定的偏差，以增量和度的形式显示出来。

(12) 用 OK 键确认，该最小编号轴将在窗口中消失。

(13) 将测量导线电缆从 EMD 上取下。

(14) 从测量筒上取下 EMD，并将防护盖重新装好。

(15) 对所有待零点标定的轴，进行上述的“偏量学习”。

(16) 关闭窗口。

(17) 将测量导线从接口 X32 上取下。

2. 带偏量的负载零点标定检查/设置

带偏量的负载零点标定检查/设置通常用于更换工具或机械维修完毕后的重新标定，具体操作如下。

(1) 将机器人移至预零点标定位置。

(2) 选择“投入运行”→“零点标定”→“EMD”→“带负载校正”→“负载零点标定”→“带偏量”。

(3) 输入工具编号。用“工具 OK”确认。

(4) 取下接口 X32 上的盖子，然后将测量导线接上。

(5) 从窗口中选定的轴上取下测量筒的防护盖。

(6) 将 EMD 拧到测量筒上。

(7) 将测量导线接到 EMD 上。在此操作中，将插头的红点对准 EMD 内的槽口。

(8) 按下“检查”键。

(9) 按住确认开关并按下“启动”键。

(10) 需要时，使用“保存”键来储存这些数值。由于旧的零点标定值会被删除。如果要恢复丢失的首次零点标定，必须保存这些数值。

(11) 将测量导线从 EMD 上取下。

(12) 从测量筒上，取下 EMD，并将防护盖重新装好。

（13）对所有待零点标定的轴重复步骤 5 至 12。

（14）关闭窗口。

（15）将测量导线从接口 X32 上取下。

四、机器人上的负载

1. 工具负载数据

工具负载数据是指所有装在机器人法兰上的负载，机器人上的负载如图 3-8 所示。它是另外装在机器人上并由机器人一起移动的质量。需要输入的值有质量、重心位置（质量受重力作用的点）、质量转动惯量以及所属的主惯性轴。负载数据必须输入机器人控制系统，并分配给正确的工具。输入的负载数据会影响许多控制过程，其中包括，控制算法（计算加速度）、速度和加速度监控、碰撞监控、力矩监控、能量监控等。

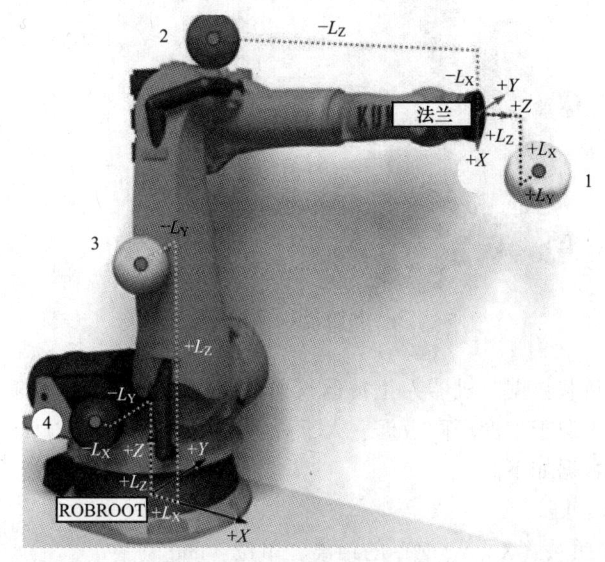

图 3-8　机器人上的负载

1—工具负荷；2—轴 3 的附加负载；3—轴 2 的附加负载；4—轴 1 的附加负载

如果负载数据已经由 KUKA. LoadDataDetermination 传输到机器人控制系统中，则无需再手工输入。

工具负载数据的可能来源有：KUKA. LoadDetect 软件选项（仅用于负载）、生产厂商数据、人工计算、CAD 程序。

工具负载数据输入操作步骤如下。

（1）选择主菜单“投入运行”→“测量”→“工具”→“工具负载数据”。

（2）在工具编号栏中输入工具的编号，用“继续”键确认。

（3）输入负载数据。

1）M 栏：质量。

2）X、Y、Z 栏：相对于法兰的重心位置。

3）A、B、C 栏：主惯性轴相对于法兰的取向。

4）JX、JY、JZ 栏：惯性矩。

（4）用“继续”键确认。

（5）按下“保存”键，保存数据。

2. 机器人上的附加负载

机器人上的附加负载是在基座、小臂或大臂上附加安装的部件，如图3-9所示。如供能系统、阀门、上料系统、材料储备。

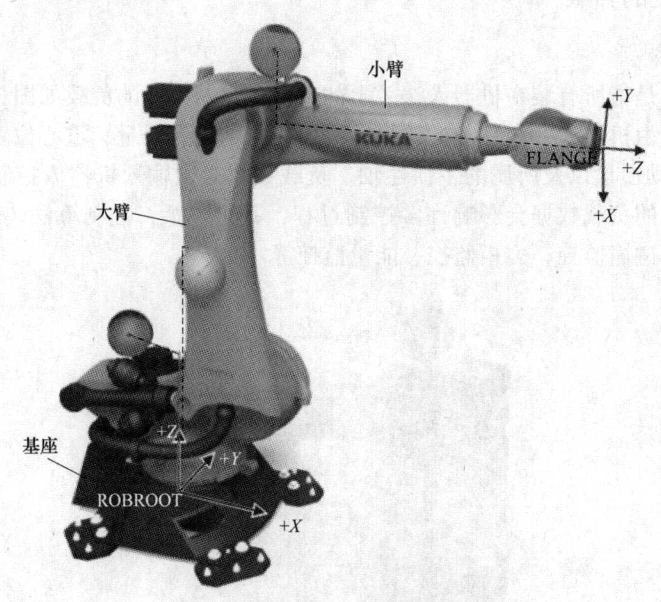

图3-9　机器人上的附加负载

（1）必要的附加负载数据。机器人正常运行前，附加负载数据必须输入机器人控制系统。附加负载数据的可能来源于生产厂商数据、人工计算、CAD程序等。

必要的附加负载数据如下。

1）质量m，单位：kg。

2）物体重心至参照系（X、Y、Z）的距离，单位：mm。

3）主惯性轴与参照系（A、B、C）的夹角，单位：度（°）。

4）物体绕惯性轴（Jx、Jy、Jz）的转动惯量，单位：$kg\cdot m^2$。

（2）附加负载的参照系。每个附加负载X、Y、Z值的参照系见表3-1。

表3-1　附加负载X、Y、Z值的参照系

负　载	参　照　系
附加负载A1	ROBROOT坐标系 A1=0°
附加负载A2	ROBROOT坐标系 A2=-90°
附加负载A3	法兰坐标系 A4=0°，A5=0°，A6=0°

（3）负载数据以不同的方式对机器人运动发生影响，有①轨迹规划；②加速度；③节拍时间；④磨损。

（4）附加数据输入的操作步骤如下。

1）选择“投入运行”→“测量”→“附加负载数据”。

2）输入其上将固定附加负载的轴编号，用“继续”键确认。

3）输入负载数据，用“继续”键确认。

4）按下“保存”键，保存数据。

技能训练

一、训练目标

（1）学习 KUKA 工业机器人零点标定。

（2）学习偏量。

二、训练内容与步骤

（1）首次零点标定的操作步骤。只有当机器人没有负载时才可以执行首次零点标定。不得安装工具和附加负载。

1）将机器人移至预零点标定位置。

2）选择“投入运行”→“零点标定”→“EMD”→“带负载校正”→“首次零点标定”。机器人投入运行，将自动打开窗口，所有待零点标定的轴都将显示出来，编号最小的轴已被选定。

3）从窗口中选定的轴上，取下测量筒的防护盖。

4）将 EMD 拧到测量筒上。

5）将测量导线连到 EMD 上，并连接到机器人接线盒的接口 X32 上。

6）点击零点标定。

7）将确认开关按至中间挡位并按住，然后按下并按住启动键。

8）如果 EMD 通过了测量切口的最低点，则已到达零点标定位置。机器人自动停止运行。数值被储存，零点标定完成的轴在窗口中消失。

9）将测量导线电缆从 EMD 上取下，再从测量筒上取下 EMD，并将防护盖重新装好。

10）对所有待零点标定的轴，进行零点标定。

11）关闭窗口。

12）将测量导线电缆从接口 X32 上取下。

（2）学习偏量。

1）将机器人置于预零点标定位置。

2）选择“投入运行”→“零点标定”→“EMD”→“带负载校正”→“偏量学习”。

3）输入工具编号，用工具 OK 确认。

4）随即打开一个窗口。所有工具还没学习的轴都将显示出来，编号最小的轴已被选定。

5）从窗口中选定的轴上，取下测量筒的防护盖。

6）将 EMD 拧到测量筒上。

7）将测量导线连到 EMD 上，并连接到底座接线盒的接口 X32 上。

8）按“学习”键。

9）按确认开关和“启动”键。

10）当 EMD 识别到测量切口的最低点时，则已到达零点标定位置。机器人自动停止运行，随即打开一个窗口。

11）该轴上与首次零点标定的偏差以增量和度的形式显示出来。

12）用 OK 键确认，该最小编号轴在窗口中消失。

13）将测量导线电缆从 EMD 上取下。

14）从测量筒上取下 EMD，并将防护盖重新装好。

15）对所有待零点标定的轴，进行上述的“偏量学习”。

16）将测量导线从接口 X32 上取下。

17）关闭窗口。

任务 5 创建坐标系

基础知识

一、工具测量原理

1. 工具坐标测量

测量工具就是生成一个以工具参照点为原点的坐标系。该参照点被称为工具中心点（Tool Center Point，TCP），该坐标系即为工具坐标系。

工具测量包括 TCP（坐标系原点）的测量和坐标系姿态/朝向的测量，最多可储存 16 个工具坐标系。

工具坐标系变量：TOOL_ DATA［1…16］。

测量时，工具坐标系的原点到法兰坐标系的距离（用 X、Y、Z）以及之间的转角（用角度 A、B、C）会被保存。

TCP 测量原理如图 3-10 所示。

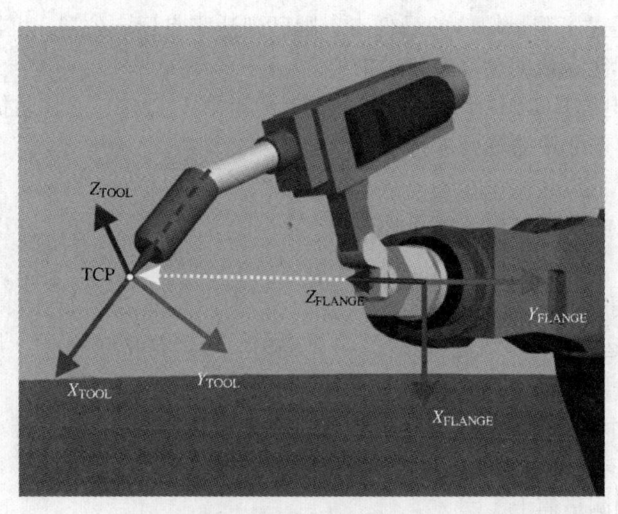

图 3-10 TCP 测量原理

（1）工具坐标优势。如果一个工具坐标已经精确测定，则有助于实践中操作和编程人员做好以下工作。

1）手动围绕 TCP 改变姿态，如图 3-11 所示。

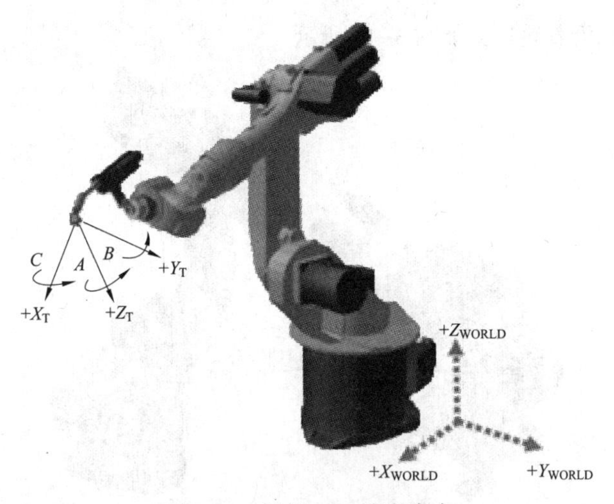

图 3-11　围绕 TCP 改变姿态

2）手动操作机器人沿着工具作业方向移动，如图 3-12 所示。

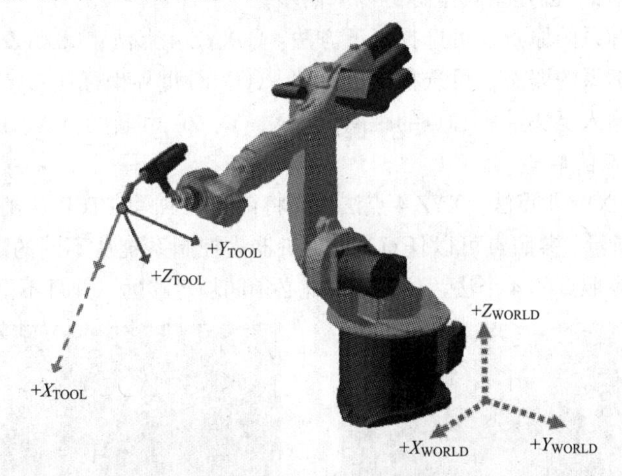

图 3-12　沿工具作业方向移动

3）在运动编程时，沿着 TCP 上的轨迹保持已编程的运行速度，如图 3-13 所示。

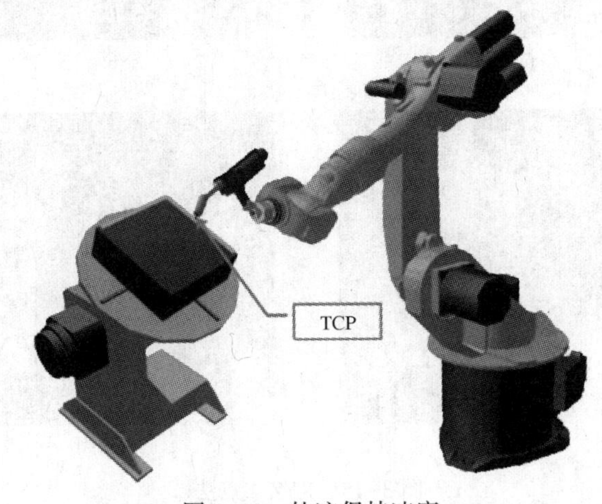

图 3-13　轨迹保持速度

4）保持编程姿态沿着轨迹，如图 3-14 所示。

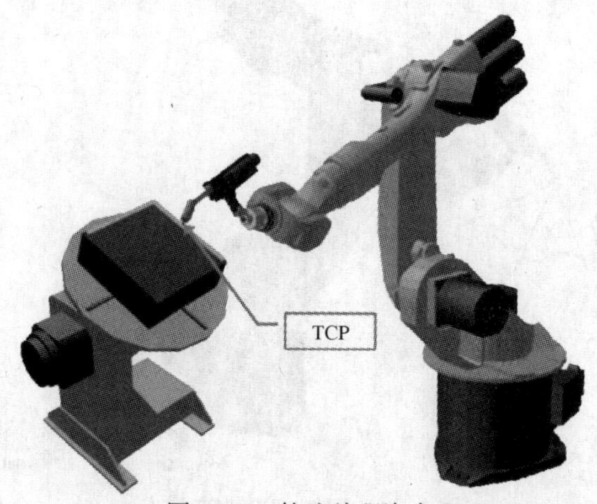

图 3-14 轨迹编程姿态

（2）创建工具坐标。创建工具坐标分以下两步。

1）确定工具坐标系的原点。可选择以下方法：①XYZ 4 点法；②XYZ 参照法。

2）确定工具坐标系的姿态。可选择以下方法：①ABC 世界坐标法；②ABC 2 点法。

3）也可以直接输入至法兰中心点的距离值（X、Y、Z）和转角（A、B、C）。

2. 确定工具坐标的原点

（1）TCP 测量的 XYZ 4 点法。XYZ 4 点法就是将待测量工具的 TCP 从 4 个不同方向移向一个参照点，如图 3-15 所示。参照点可以任意选择。机器人控制系统从不同的法兰位置值中计算出 TCP。操作时，移至参照点的 4 个法兰位置，彼此必须间隔足够远，并且不得位于同一平面内。

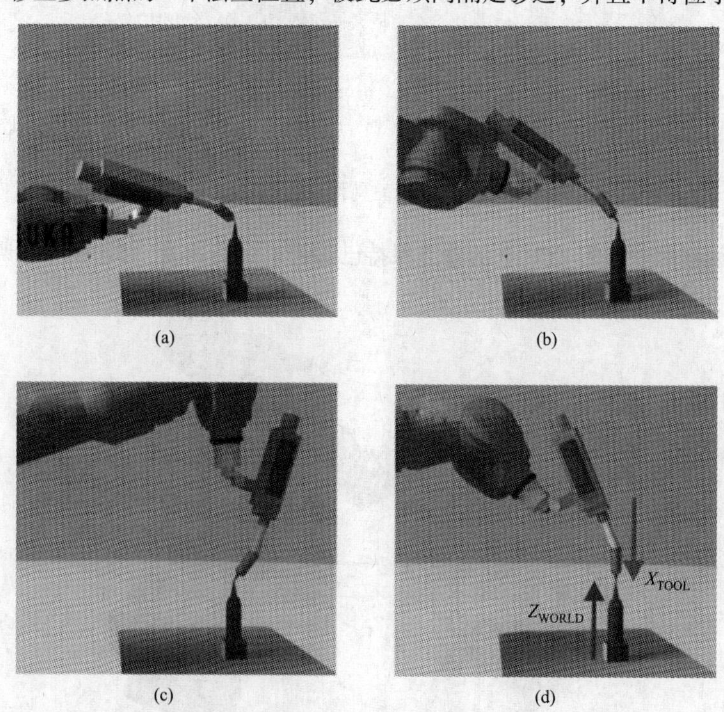

图 3-15 XYZ 4 点法

XYZ 4 点法的操作步骤如下。

1）选择“投入运行”→“测量”→“工具”→“XYZ 4 点”。

2）为待测量的工具，给定一个号码和一个名称，用“继续”键确认。

3）机器人的投入运行。

4）用 TCP 移至任意一个参照点。按下“测量”软键，对话框显示“是否应用当前位置？继续测量”，用“是”加以确认。

5）用 TCP 从一个其他方向朝参照点移动。重新按下“测量”键，用“是”回答对话框提问。

6）把第 4 步重复两次。

7）负载数据输入窗口自动打开。正确输入负载数据，然后按下“继续”键。

8）包含测得的 TCP X、Y、Z 值的窗口自动打开，测量精度可在误差项中读取。

9）数据可通过“保存”键，直接保存。

（2）TCP 测量的 XYZ 参照法。采用 XYZ 参照法时，将对一件新工具与一件已测量过的工具进行比较测量，如图 3-16 所示。机器人控制系统比较法兰位置，并对新工具的 TCP 进行计算。使用 XYZ 参照法前提条件是，在连接法兰上装有一个已测量过的工具，并且 TCP 的数据已知。

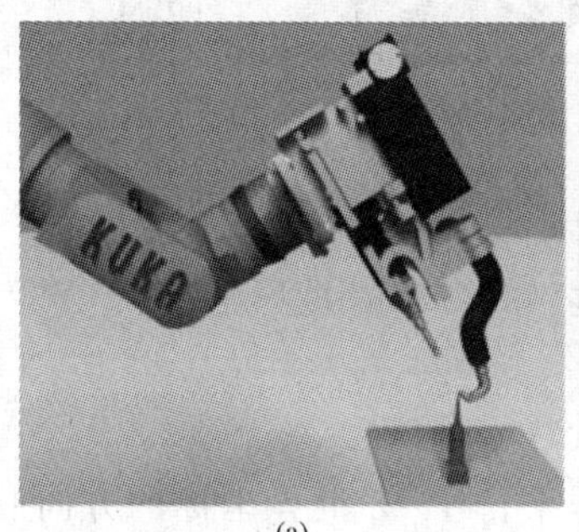

(a)

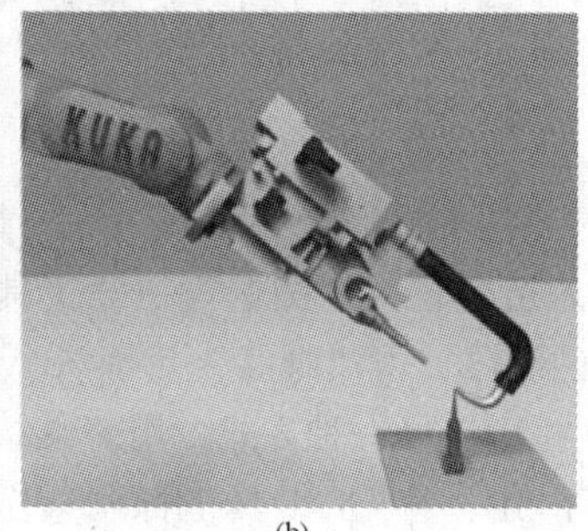

(b)

图 3-16　XYZ 参照法

XYZ 参照法的操作步骤如下。

1）选择“投入运行”→“测量”→“工具”→“XYZ 参照”。

2）为新工具指定一个编号和一个名称，用“继续”键确认。

3）输入已测量工具的 TCP 数据，用“继续”键确认。

4）用 TCP 移至任意一个参照点，点击测量，用“继续”键确认。

5）将工具撤回，然后拆下。

6）装上新工具。

7）将新工具的 TCP 移至参照点，点击测量，用“继续”键确认。

8）按下“保存”键，数据被保存，窗口自动关闭。

9）或按下“负载数据”，数据被保存，一个窗口将自动打开，可以在此窗口中输入负载数据。

3. 确定 TCP 工具坐标姿态

（1）ABC 世界坐标系法（见图 3-17）。新工具坐标系的轴平行于世界坐标系的轴进行校准，机器人控制系统从而得知工具坐标系的姿态。ABC 世界坐标系法有 5D 方式与 6D 方式两种方式。5D 方式将工具的作业方向告知机器人控制器。该作业方向默认为 X 轴。其他轴的方向由系统确定，对于用户来说不是很容易识别，如 MIG/MAG 焊接，激光切割或水射流切割；6D 方式将所有 3 根轴的方向均告知机器人控制系统，如焊钳、抓爪或粘胶喷嘴。

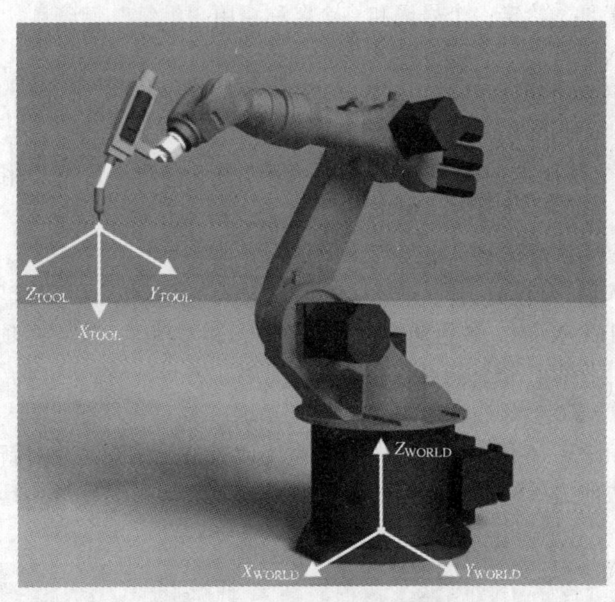

图 3-17 ABC 世界坐标系法

ABC 世界坐标系法的操作步骤如下。

1）选择“投入运行”→“测量”→“工具”→“ABC 世界坐标”。

2）输入工具的编号，用“继续”键确认。

3）在 5D/6D 栏中选择一种方式，用“继续”键确认。

4）如果选择了 5D，将+X 工具坐标调整至平行于-Z 世界坐标的方向（$+X_{TOOL}$ = 作业方向）。

5）如果选择了 6D，将+X 工具坐标调整至平行于-Z 世界坐标的方向（$+X_{TOOL}$ = 作业方向）；+Y 工具坐标调整至平行于+Y 世界坐标的方向，+Z 工具坐标调整至平行于+X 世界坐标的方向。

6）用“测量”键来确认。对信息提示“要采用当前位置吗？测量将继续”，用“是”来确认。

7）即打开另一个窗口，在此必须输入负荷数据。

8）按“继续”键。

9）按“保存”键，保存数据。

10）关闭菜单。

（2）姿态测量的 ABC 2 点法。通过趋近 X 轴上一个点和 XY 平面上一个点的方法，机器人控制系统即可得知工具坐标系的各轴。姿态测量的 ABC 2 点法如图 3-18 所示，前提条件是，TCP 已通过 XYZ 法测定。当轴方向必须特别精确地确定时，可使用此方法。

ABC 2 点法的操作步骤如下，适用于工具碰撞方向为默认碰撞方向（=X 向）的情况。如果碰撞方向改为 Y 向或 Z 向，则操作步骤也必须相应地进行更改。

1）选择“投入运行”→“测量”→“工具”→“ABC 2 点”。

2）输入已安装工具的编号，用“继续”键确认。

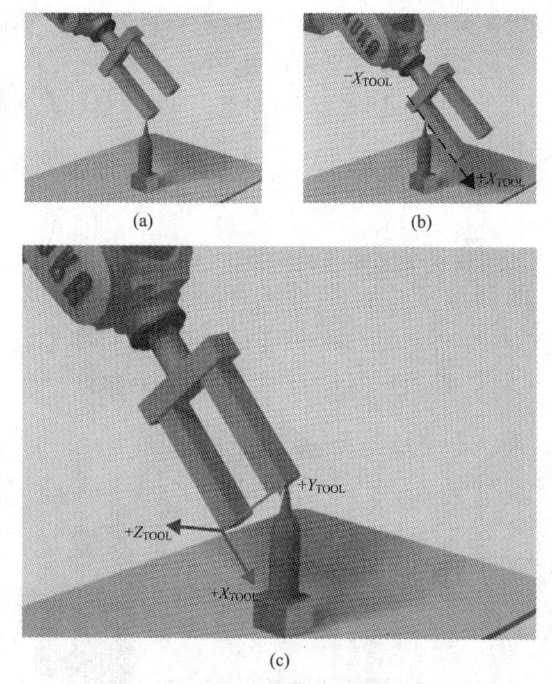

(a)　(b)　(c)

图 3-18　姿态测量的 ABC 2 点法

3）用 TCP 移至任意一个参照点，点击测量，用“继续”键确认。

4）移动工具，使参照点在 X 轴上与一个为负 X 值的点重合（即与作业方向相反），点击测量，用“继续”键确认。

5）移动工具，使参照点在 XY 平面上与一个在正 Y 向上的点重合，点击测量，用“继续”键确认。

6）按保存，数据被保存，窗口关闭。

7）或按下负载数据。数据被保存，一个窗口将自动打开，可以在此窗口中输入负载数据。

二、创建基坐标

1. 基坐标系

基坐标系是根据世界坐标系在机器人周围的某一个位置上创建的坐标系，如图 3-19 所示。

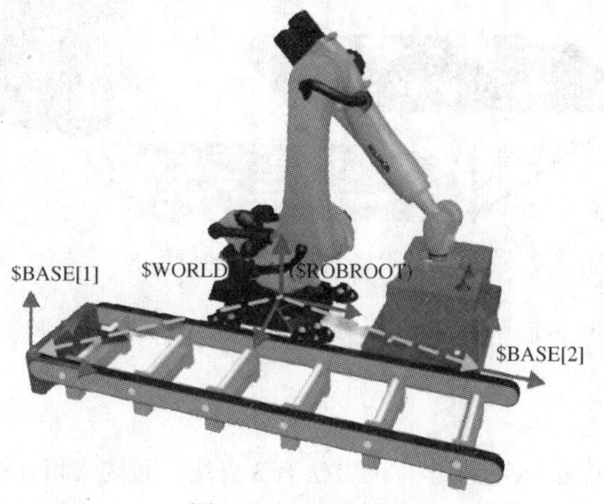

图 3-19　基坐标系

其目的是使机器人的运动以及编程设定的位置均以该坐标系为参照。因此，工件支座和抽屉的边缘、货盘或机器的外缘，均可作为基准坐标系中合理的参照点。

基坐标系的创建分为两个步骤：①确定坐标原点；②定义坐标方向。

采用基坐标系的优点如下。

(1) 可以沿着工作面或工件的边缘手动移动 TCP，使机器人工具严格沿着工件边缘，进行工艺路径的设计移动 TCP。

(2) 示教的点以所需的坐标系为参照，如图 3-20 所示。

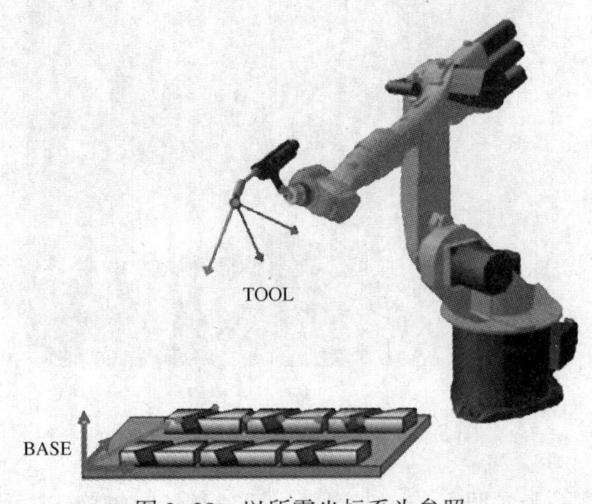

图 3-20　以所需坐标系为参照

(3) 基坐标系的位移如图 3-21 所示。可以参照基坐标对点进行示教，如果必须推移基坐标，如由于工作面被移动，这些点也随之移动，不必重新进行示教。

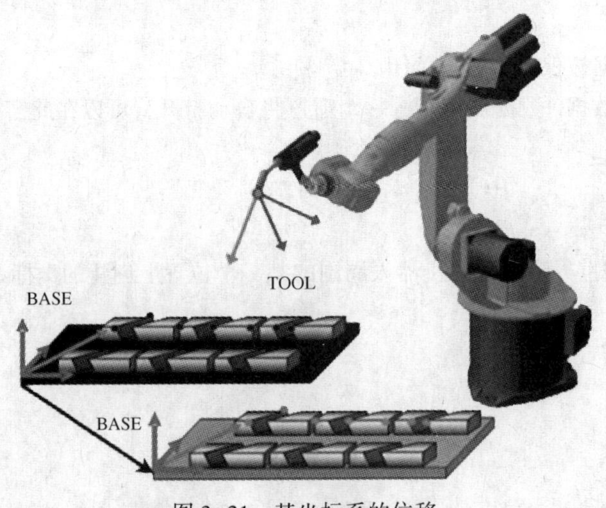

图 3-21　基坐标系的位移

(4) 最多可建立 32 个不同的坐标系，并根据程序流程加以应用，使用多个基坐标系如图 3-22所示。

2. 创建基坐标

(1) 创建基坐标的方法。创建基坐标的方法有 3 点法、间接法和直接数字输入法，见表 3-2。

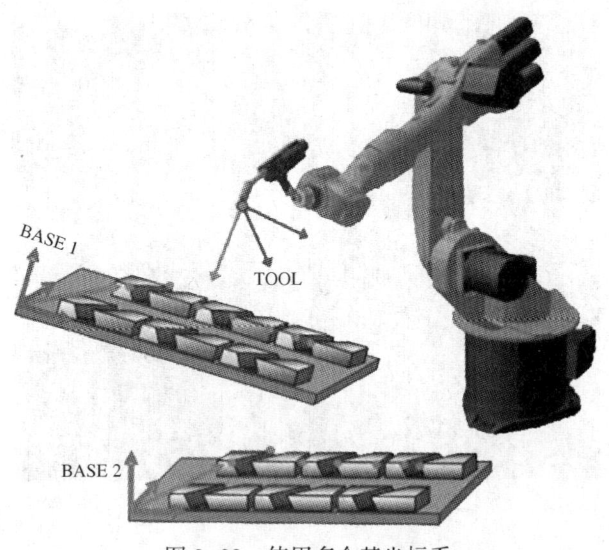

图 3-22　使用多个基坐标系

表 3-2　创建基坐标的方法

方　法	说　明
3 点法	1. 定义原点； 2. 定义 X 轴正方向； 3. 定义 Y 轴正方向（XY 平面）
间接法	当 TCP 无法移至基坐标原点时，如由于该点位于工件内部，或位于机器人工作空间之外时，须采用间接法。 此时 TCP 须移至基坐标的 4 个点，其坐标值必须是已知（CAD 数据）。机器人控制系统根据这些点计算基坐标
数字输入法	直接输入至世界坐标系的距离值（X、Y、Z）和转角（A、B、C）

（2）创建基坐标的 3 点法。基坐标测量只能用一个事先已测定的工具进行，TCP 必须为已知的。3 点法操作步骤如下。

1）选择“投入运行”→“测量”→“基坐标系”→“3 点”。

2）为基坐标分配一个号码和一个名称，用“继续”键确认。

3）输入需用其 TCP 测量基坐标的工具的编号，用“继续”键确认。

4）用 TCP 移到新基坐标系的原点，如图 3-23 所示，点击“测量”键，并用“是”键确认位置。

5）将 TCP 移至新基座正向 X 轴上的一个点，如图 3-24 所示，点击“测量”键，并用“是”键确认位置。

6）将 TCP 移至 XY 平面上一个带有正 Y 值的点，第 3 点定 XY 平面，如图 3-25 所示，点击“测量”键，并用“是”键确认位置。3 个测量点不允许位于一条直线上，这三点间必须有一个最小夹角，标准设定 2.5°。

7）按下“保存”键，保存新基坐标数据，关闭菜单。

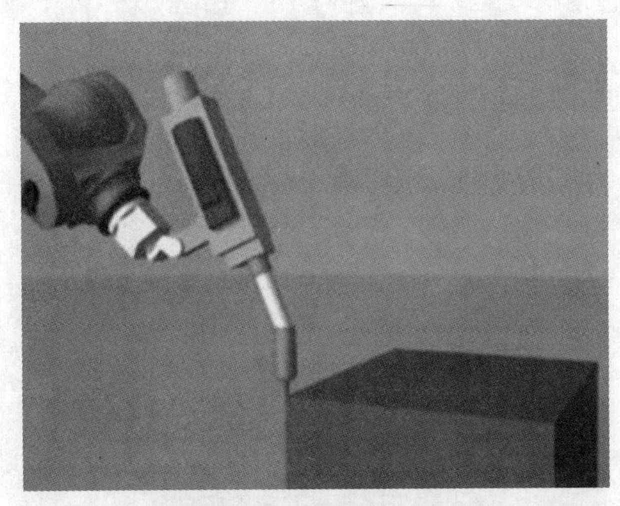

图 3-23 基坐标原点

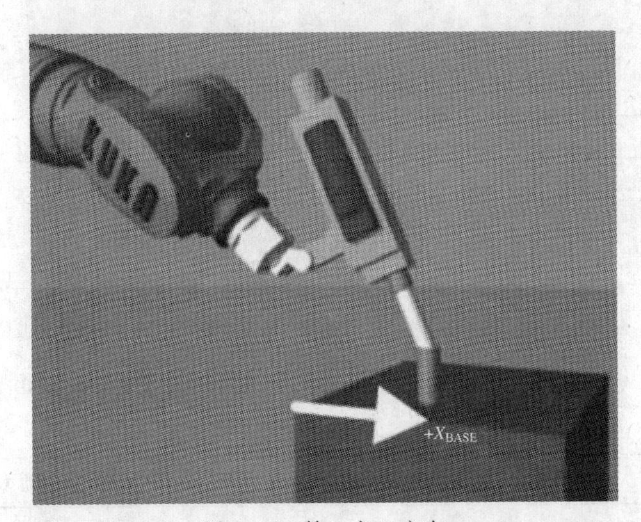

图 3-24 第 2 点 X 方向

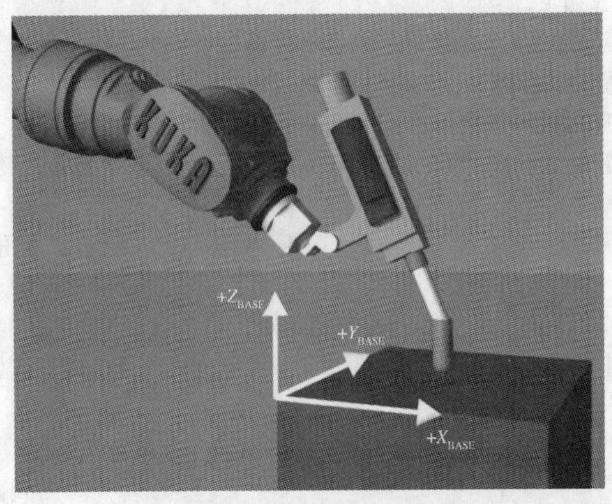

图 3-25 第 3 点定 XY 平面

3. 查询当前机器人位置

（1）当前的机器人位置可通过轴坐标和笛卡尔坐标两种不同方式显示。

1）轴坐标。轴坐标中的机器人位置如图 3-26 所示，显示每根轴的当前轴角，该角等于与零点标定位置之间的角度绝对值。

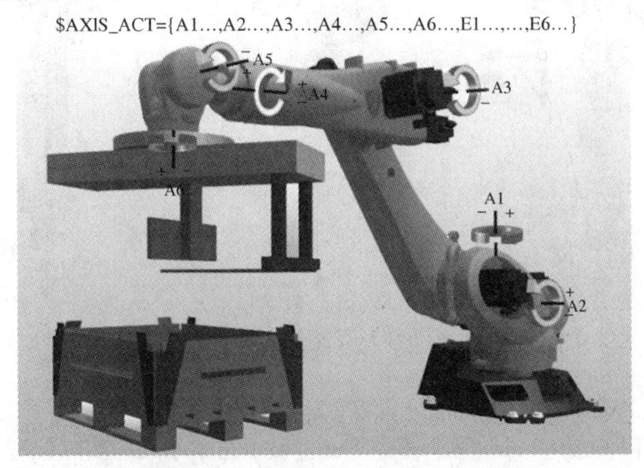

图 3-26　轴坐标中的机器人位置

2）笛卡尔坐标。笛卡尔坐标中的机器人位置如图 3-27 所示。

在当前所选的基坐标系中显示当前 TCP 的当前位置（工具坐标系）。没有选择工具坐标系时，工具坐标的选择，系统默认为法兰坐标。没有选择基坐标系时，基坐标的选择，系统默认为世界坐标系。

（2）不同的基坐标系，笛卡尔坐标的位置表示不同。

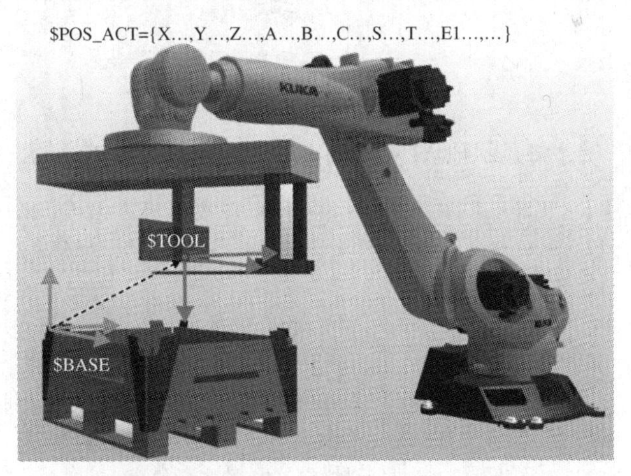

图 3-27　笛卡尔坐标中的机器人位置

图 3-28 所示为 3 个机器人位置表示同一个机器人工位，可以看到，机器人的三个位置都相同，位置指示器在这三种情况下显示不同的值。

在相应的基坐标系中显示工具坐标系/TCP 的位置各不相同。对于 $ BASE［0］基坐标系 $ NULLFRAME，相当于机器人底座坐标系（通常也就是世界坐标系）。仅当选择了正确的基坐标系和正确的工具时，笛卡尔坐标系中的实际位置指示器才显示所期望的值。

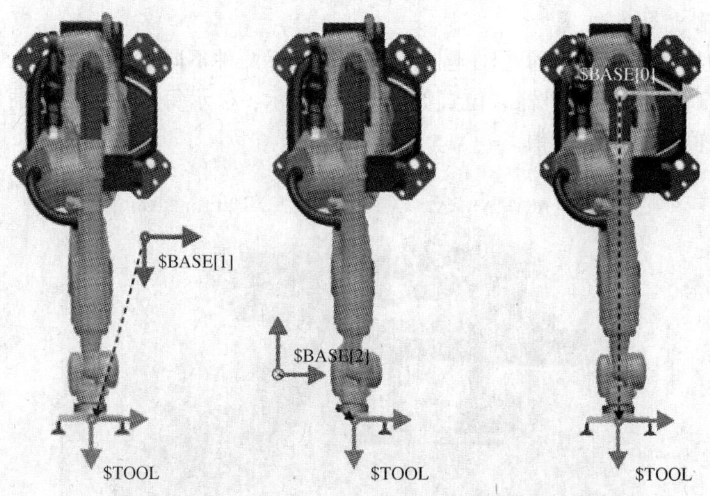

图 3-28 3 个机器人位置表示同一个机器人工位

(3) 询问机器人位置的操作步骤。

1) 在菜单中选择“显示”→“实际位置”，将显示笛卡尔式的实际位置，如图 3-29 所示。

机器人位置（笛卡尔式）

名称	值	单位
位置		
X	2930.00	mm
Y	0.00	mm
Z	1145.00	mm
取向		
A	0.00	deg
B	90.00	deg
C	0.00	deg
机器人位置		
S	010	二进制
T	000000	二进制

轴相关

图 3-29 显示笛卡尔式的实际位置

2) 按“轴相关”键，将显示轴 A1～A6 的实际位置，如图 3-30 所示。

机器人位置（与轴相关的）

轴	位置[度，mm]	电机[deg]
A1	0.00	0.00
A2	0.00	0.00
A3	0.00	0.00
A4	0.00	0.00
A5	0.00	0.00
A6	0.00	0.00
E1	0.00	0.00

笛卡尔式

图 3-30 显示轴 A1～A6 的实际位置

3) 按“笛卡尔”键，将再次显示笛卡尔式的实际位置。

4. 固定工具测量

固定工具的测量，包括确定固定工具的外部 TCP 和世界坐标系原点之间的距离和根据外部 TCP 确定该坐标系姿态两步，如图 3-31 所示。

图 3-31 固定工具的测量以 $ WORLD（或者 $ ROBROOT）为基准管理外部 TCP，即等同于基坐标系。

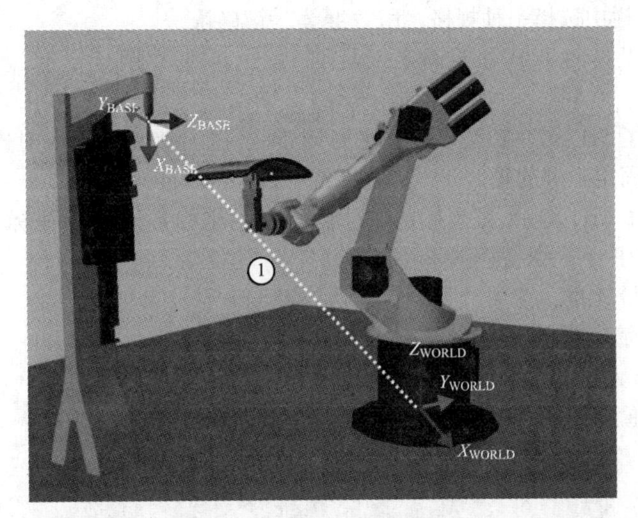

图 3-31　固定工具的测量

①—以 $ WORLD（或者 $ ROBROOT）为基准管理外部 TCP，即等同于创建一个固定工具的基坐标系

固定工具的测量中，首先需要确定 TCP 时需要一个由机器人引导的已测工具，其次需要确定姿态。

确定姿态时要将法兰的坐标系校准至平行与新的坐标系，有 5D、6D 两种方式。

5D 方式：只将固定刀具的作业方向告知机器人控制器，该作业方向被默认为 X 轴。其他轴的姿态将由系统确定，对用户来说，不是很容易地就能识别。

6D 方式：所有 3 个轴的姿态都将告知机器人控制系统，对坐标系进行平行校准，如图 3-32所示。

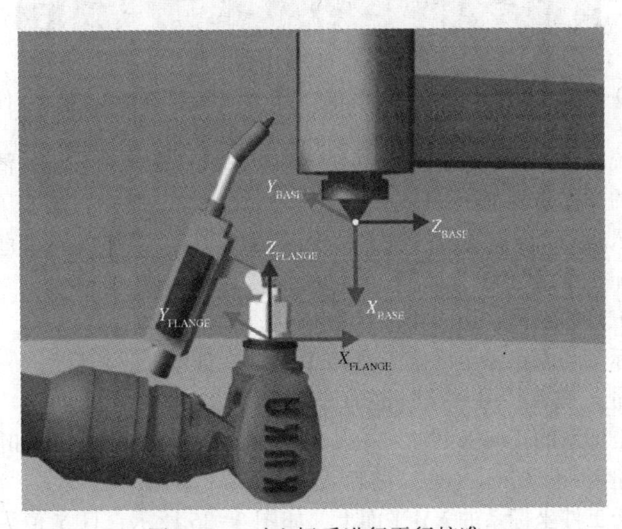

图 3-32　对坐标系进行平行校准

固定工具测量的操作步骤如下。

(1) 选择“投入运行”→“测量”→“固定工具”→“工具”。

(2) 为固定工具指定一个号码和一个名称，用“继续”键确认。

(3) 输入所用参考工具的编号。

（4）在5D/6D栏中选择一种规格，用“继续”键确认。

（5）用已测量工具的TCP移至固定工具的TCP，点击“测量”键，并用“是”键确认位置。

（6）如果选择了5D，将+X基坐标系平行对准-Z法兰坐标系，应对连接法兰进行调整，使得它的轴平行于固定工具的轴。

（7）如果选择了6D，将+X基坐标系平行于-Z法兰坐标系，+Y基坐标系平行于+Y法兰坐标系，+Z基坐标系平行于+X法兰坐标系。

（8）点击“测量”键，并用“是”键确认位置。

（9）按下“保存”键，保存数据。

5. 测量由机器人引导的工件

直接法测工件通过直接测量的方法测量工件，如图3-33所示。

图3-33 直接法测工件

①—通过固定工具的TCP直接测量的方法，建立工件坐标系（测量工件）

机器人控制系统将得知工件的原点和其他2个点，此3个点将该工件清楚地定义出来。

直接法测工件的操作步骤如下。

（1）选择“投入运行”→“测量”→“固定工具”→“工件”→“直接测量”。

（2）为工件分配一个编号和一个名称，用“继续”键确认。

（3）输入固定工具的编号，用“继续”键确认。

（4）将工件坐标系的原点移至固定工具的TCP上，如图3-34所示。

（5）点击“测量”键，并用“是”键确认位置。

（6）将在工件坐标系的正向X轴上的一点移至固定工具的TCP上，如图3-35所示。

（7）点击“测量”键，并用“是”键确认位置。

（8）将一个位于工件坐标系的XY平面上，如图3-36所示，且Y值为正的点移至固定工具的TCP上。

（9）点击“测量”键，并用“是”键确认位置。

（10）输入工件负载数据，然后按下“继续”键，点击“测量”键，并用“是”键确认位置。

（11）按下“保存”键，保存数据。

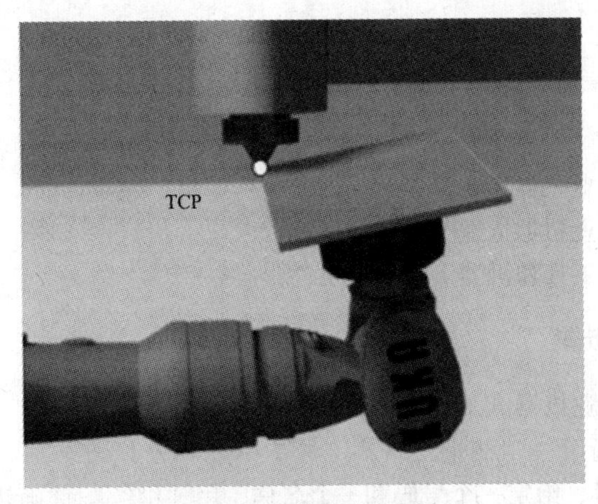

图 3-34　直接法坐标原点

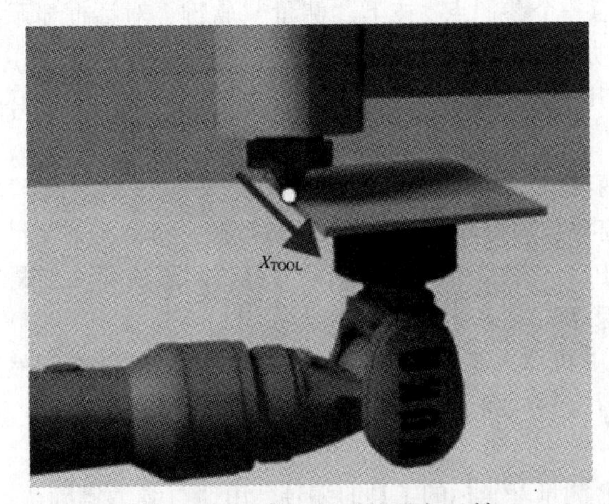

图 3-35　工件坐标系的正向 X 轴

图 3-36　确定 XY 平面

技能训练

一、训练目标

（1）创建 KUKA 工业机器人工具坐标。

（2）创建 KUKA 工业机器人基坐标。

（3）学会测量外部工具和机器人引导的工件。

二、训练内容与步骤

（1）创建 KUKA 工业机器人工具坐标。

1）选择“投入运行”→“测量”→“工具”→“XYZ 4 点”。

2）为待测量的工具，给定一个号码和一个名称，用“继续”键确认。

3）机器人的投入运行。

4）用 TCP 移至任意一个参照点。按下“测量”软键，对话框显示“是否应用当前位置？继续测量”，用“是”加以确认。

5）用 TCP 从一个其他方向朝参照点移动。重新按下“测量”键，用“是”回答对话框提问。

6）把第 4 步重复两次。

7）负载数据输入窗口自动打开。正确输入负载数据，然后按下“继续”键。

8）包含测得的 TCP X、Y、Z 值的窗口自动打开，测量精度可在误差项中读取。

9）数据可通过“保存”键，直接保存。

（2）创建 KUKA 工业机器人基坐标。选择一款 TCP 为已知工具，然后进行下列操作：

1）选择“投入运行”→“测量”→“基坐标系”→“3 点”。

2）为基坐标分配一个号码和一个名称，用“继续”键确认。

3）输入需用其 TCP 测量基坐标的工具的编号，用“继续”键确认。

4）用 TCP 移到新基坐标系的原点，点击“测量”键，并用“是”键确认位置。

5）将 TCP 移至新基座正向 X 轴上的一个点，点击“测量”键，并用“是”键确认位置。

6）将 TCP 移至 XY 平面上一个带有正 Y 值的点，第 3 点定 XY 平面，点击“测量”键，并用“是”键确认位置。

7）按下“保存”键，保存新基坐标数据，关闭菜单。

（3）测量外部工具。

1）选择“投入运行”→“测量”→“固定工具”→“工具”。

2）为固定工具指定一个号码“7”和一个名称“喷嘴”，用“继续”键确认。

3）输入所用参考工具的编号“1”。

4）在 5D/6D 栏中选择一种规格，用“继续”键确认。

5）用已测量工具的 TCP 移至固定工具的 TCP，点击“测量”键，并用“是”键确认位置。

6）如果选择了 5D，将+X 基坐标系平行对准-Z 法兰坐标系，应对连接法兰进行调整，使得它的轴平行于固定工具的轴。

7）如果选择了 6D，将+X 基坐标系平行于-Z 法兰坐标系，+Y 基坐标系平行于+Y 法兰坐标系，+Z 基坐标系平行于+X 法兰坐标系。

8）点击“测量”键，并用“是”键确认位置。

9）按下“保存”键，保存数据。

(4) 测量由机器人引导的工件。采用直接法测工件的操作步骤如下。

1）选择“投入运行”→“测量”→“固定工具”→“工件”→直接测量。

2）为工件分配一个编号和一个名称，用“继续”键确认。

3）输入固定工具的编号，用“继续”键确认。

4）将工件坐标系的原点移至固定工具的 TCP 上。

5）点击“测量”键，并用“是”键确认位置。

6）将在工件坐标系的正向 X 轴上的一点移至固定工具的 TCP 上。

7）点击“测量”键，并用“是”键确认位置。

8）将一个位于工件坐标系的 XY 平面上，且 Y 值为正的点移至固定工具的 TCP 上。

9）点击“测量”键，并用“是”键确认位置。

10）输入工件负载数据，然后按下“继续”键，点击“测量”键，并用“是”键确认位置。

11）按下“保存”键，保存数据。

技能综合训练

一、工具 TCP 设定

1. 工具 TCP 设定任务书

姓名		项目名称	工具 TCP 设定
指导教师		同组人员	
计划用时		实施地点	
时间		备注	
任务内容			
1. 了解工具坐标的概念。 2. 掌握工具坐标系测量原理及方法。 3. 了解 KUKA 机器人用户权限。 4. 了解工具坐标系测量的优点。 5. 掌握尖顶工具工具坐标的测量。 6. 掌握用运行键和 3D 鼠标在工具坐标系中手动运行机器人。 7. 掌握在工具坐标系中沿工具作业方向手动运行机器人。			
考核内容	工具坐标系测量原理及方法		
	工具坐标系测量的优点		
	尖顶工具工具坐标的测量		
	用运行键和 3D 鼠标在工具坐标系中手动运行机器人		
	在工具坐标系中沿工具作业方向手动运行机器人		

续表

资料	工具	设备
教材	尖顶工具	KUKA 多功能工作站
课件		

2. 工具 TCP 设定任务完成报告表

姓名		任务名称	工具 TCP 设定
班级		同组人员	
完成日期		分工任务	

（一）填空题

1. 控制器最多可管理_________个工具。

2. 工具坐标系的原点被称为_________，并与工具的_________相对应，如粘胶喷嘴的尖端。

3. 手动运行时，未经测量的工具坐标系始终等于_________。

4. 在工具坐标系中可以有两种不同的方式移动机器人，分别是_________和_________。

5. 工具坐标系是一个_________坐标系，其原点在_________上。工具坐标系的取向一般是坐标系的_________与工具的_________一致。工具坐标系总是随着工具的移动而移动。

6. 工具坐标系的测量分为工具_________的确定和_________的确定，或通过_________测量。

7. 确定坐标系的原点的方法有_________和_________。

8. 确定坐标系的姿态的方法有_________和_________。

9. ABC 世界坐标系法是将_________的轴平行于_________的轴进行校准。

10. ABC 世界坐标系 5D 法，只将_________告知机器人控制系统，即_________。

（二）判断题

1. 在工具坐标系中手动运行时，可根据之前所测工具的坐标方向移动机器人。（　）

2. 坐标系并非固定的，而是由机器人引导的。（　）

3. XYZ 参照法是指对一件新工具与一件已测量过的工具进行比较测量，机器人控制系统比较法兰位置，并对工具的 TCP 进行计算。此种方法适用于所有工具。（　）

4. 6D 法：将所有 3 根轴的方向均告知机器人控制系统，即 $+X_{工具坐标}//-X_{世界坐标}$、$+Y_{工具坐标}//+Y_{世界坐标}$、$+Z_{工具坐标}//+Z_{世界坐标}$。（　）

5. 工具 TCP 靠近一个固定点，基坐标为工具坐标系的情况下，手动操作或 6D 鼠标操作机器人，不管是什么姿态，TCP 始终与固定点接触。（　）

6. 在已设定的工具坐标系下，沿着 TCP 上的轨迹保持已编程的运行速度，运行程序时，工具 TCP 点的速度始终是保持设定的速度。（　）

续表

(三) 简答题

1. 为什么要测量由机器人引导的工具?

2. 工具测量的方法有哪些? 各种方法有什么区别?

3. 使用工具坐标系有什么优点?

4. 什么情况下需要重新对操作点进行 TCP 标定?

(四) 实操题

请按要求完成以下操作任务。

1. 用 XYZ 4 点法测量尖触头的 TCP。使用工作台上的尖顶作为参照顶尖。使用工具编号 2, 并指定名称为 TCP1。

2. 采用 ABC 世界坐标系 5D 法测量工具方向。

3. 误差不得大于 0. 95mm。在实际操作中整个数值不够严格, 误差最好能达到 0. 5mm 或甚至 0. 3mm。

4. 保存工具 TCP1 数据, 并在工具坐标系中测试尖顶的移动。

5. 通过 XYZ 4 点法和 ABC 2 点法测量夹爪工具的工具坐标, 如下图所示。

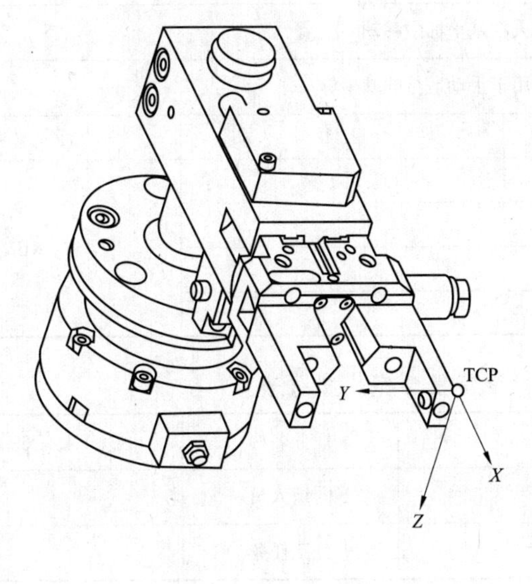

二、有效载荷及基坐标设定

1. 有效载荷及基坐标设定任务书

姓名		项目名称	有效载荷及基坐标设定
指导教师		同组人员	
计划用时		实施地点	
时间		备注	
任务内容			
1. 了解基坐标的概念。 2. 掌握基坐标系测量原理及方法。 3. 了解基坐标测量的优点。 4. 了解机器人上的负载及附加负载。 5. 了解工具负载的定义及影响。 6. 掌握基坐标的测量。 7. 激活已测量过的，用于手动运行的基坐标。 8. 掌握机器人在基坐标中移动。			
考核内容	基坐标系测量原理及方法		
	基坐标系测量的优点		
	基坐标的测量		
	机器人在基坐标中移动		
	激活用于手动运行的基坐标		

资料	工具	设备
教材	尖顶工具	KUKA 多功能工作站
课件		

2. 有效载荷及基坐标设定任务完成报告表

姓名		任务名称	有效载荷及基坐标设定
班级		同组人员	
完成日期		分工任务	

续表

（一）填空题

1. KUKA 机器人上的负载包括__________和__________，附加负载可安装在轴 1、2 和 3 上。

2. 可供选择的基坐标系共有__________个。

3. 工具负载数据是指所有装在机器人法兰上的__________，它是另外装在机器人上并由机器人一起移动的质量。需要输入的值有__________、__________、__________以及所属的__________。负载数据必须输入机器人__________，并分配给正确的__________。

4. 对于许多机器人类型，机器人控制系统在运行时监控是否存在__________和__________，这种监控称为在线负载数据检查。

5. 当实际负载高于配置的负载时，则存在__________，当实际负载低于配置的负载时，则存在__________。

6. 基坐标系测量表示根据__________在机器人周围的某一个位置上创建坐标系。其目的是使机器人的__________以及__________均以该坐标系为参照。

7. 基坐标系测量分为两个步骤：__________和__________。

8. 基坐标测量的方法有__________、__________、__________。

9. 负荷数据以不同的方式对机器人运动发生影响，具体包含__________、__________、__________、__________。

（二）判断题

1. 不管手动输入工具数据，还是单独输入负载数据时，都可以激活和配置 OLDC。 （　）

2. 三点法测量时 3 个测量点不允许位于一条直线上，这些点间必须有一个最小夹角（标准设定 2.5°） （　）

3. 在手动运行模式下，机器人选择在基坐标系下运行，工具 TCP 可以沿着基坐标系的方向移动。 （　）

4. 一段程序里面只能应用一个基坐标系。 （　）

5. 收到一个运动指令时，控制器先计算一行程段。该行程段的起点是工具参照点。行程段的方向由世界坐标系给定。 （　）

6. 基坐标已知，机器人的运动不一定可预测。 （　）

（三）简答题

1. 工具负荷数据中的值“-1”表示什么？

2. 基坐标测量的方法有哪些？各种方法有什么区别？

3. 使用基坐标系有什么优点？

续表

4. 3 点法的测量要点是什么？测量过程中需要注意哪些问题？
（四）实操题 请按要求完成以下操作任务。 1. 用 3 点法测量工作台上码垛模块的基坐标，参考工具编号为 2，创建的基坐标编号为 2，命名为 base2。 2. 保存基坐标 base2 的数据，并在基坐标系中测试尖顶的移动。 3. 用手动运行键和 3D 鼠标以不同的手动倍率设置在基坐标系中手动运行机器人。 4. 用 3 点法测量轨迹规划模块（斜面）的基坐标，参考工具编号为 2，创建的基坐标编号为 3，命名为 base3。 5. 在基坐标系下，工具尖头沿着轨迹规划模块的轮廓移动。

项目四 KUKA机器人的程序操作

学习目标

(1) 学会创建程序模块。
(2) 学会编辑程序模块。
(3) 学会建立和更改程序。
(4) 学会执行机器人程序。

任务6 程序模块操作

基础知识

一、程序文件的使用

1. 创建程序模块

(1) 导航器中的程序模块。导航器中的程序模块，如图4-1所示，包括主文件夹、其他程序子文件夹、程序模块和模块注释。

编程模块应始终保存在文件夹 Program（程序）中，可以新建子文件夹。程序模块用字母“M”标示。一个模块中可以加入注释。此类注释中含有程序的简短功能说明。

(2) 程序模块的属性。模块由 SRC 源代码文件夹和 DAT 数据文件夹两个部分组成，程序模块组成如图4-2所示。

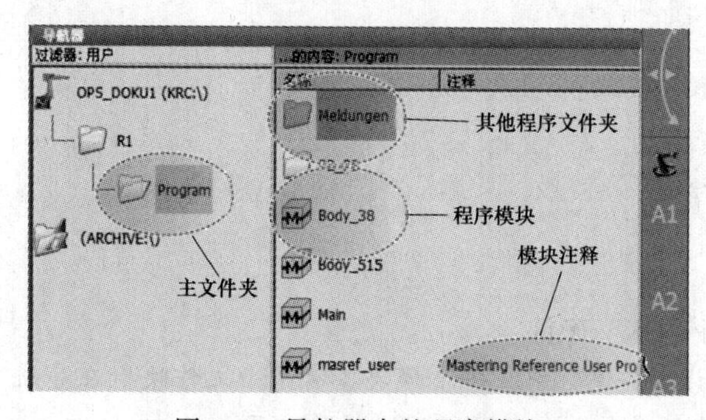

图4-1 导航器中的程序模块

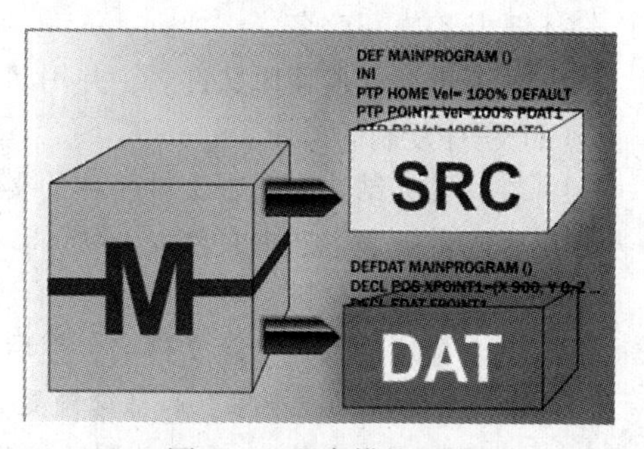

图4-2 程序模块组成

SRC 文件中包括程序源代码，包括程序模块定义、子程序调用、程序指令等，如下：

```
DEF MAINPROGRAM()
INI
PTP HOME Vel= 100% DEFAULT
```

```
PTP POINT1 Vel=100% PDAT1 TOOL[1] BASE[2]
PTP P2 Vel=100% PDAT2 TOOL[1] BASE[2]
......
END
```

DAT 数据文件包括固定数据和点坐标等，数据列表如下：

```
DEFDAT MAINPROGRA()
DECL E6POS XPOINT1={X BOO,Y 0,Z 900,A 0,Ba,c 0,S 6,T 27,El 0,E2 0,E3 0,E4 0,E5 0,
                    E6 0}
DECL FOAT FPOINT1
...
ENDDAT
```

(3) 创建编程模块的操作步骤如下。

1) 在目录结构中，选定要在其中建立程序的文件夹，例如 Program（程序）文件夹，然后切换到文件列表。

2) 按下“新建”键。

3) 输入程序名称，需要时再输入注释，然后按“OK”确认。

2. 编辑程序模块

(1) 编辑程序方式。与常见的文件系统操作类似，也可以在导航器中编辑 SmartPad 程序模块。编辑方式包括复制、删除、重命名等。

(2) 程序删除的操作。注意已删除的文件无法恢复。

1) 在文件夹结构中，选中文件所在的文件夹。

2) 在文件列表中选中文件。

3) 选择“删除”键。

4) 点击安全询问的“是”确认，模块即被删除。

(3) 程序改名的操作。

1) 在文件夹结构中选中文件所在的文件夹。

2) 在文件列表中选中文件。

3) 选择编辑→改名。

4) 用新的名称覆盖原文件名，并用“OK”确认。

(4) 程序复制的操作。

1) 在文件夹结构中选中文件所在的文件夹。

2) 在文件列表中选中文件。

3) 选择“复制”键。

4) 给新模块输入一个新文件名，然后用“OK”确认。

注意： 在用户组“专家”和筛选设置“详细信息”中，每个模块各有两个文件映射在导航器中（SRC 和 DAT 文件）。无论是删除、改名还是复制，都必须同时操作这两个文件。

3. 文件存档

存档途径：在每个存档过程中均会在相应的目标媒质上生成一个 ZIP 文件，该文件与机器人同名，在机器人数据下可个别改变文件名。

(1) 存档位置。有 3 个不同的存储位置可供选择。

1) USB（KCP）| KCP（SmartPAD）上的 U 盘。

2）USB（控制柜）｜机器人控制柜上的U盘。

3）网络｜在一个网络路径上存档（所需的网络路径必须在机器人数据下配置）。

注意：在每个存档过程中，除了将生成的ZIP文件保存在所选的存储媒质上之外，同时还在驱动器D：\上储存一个存档文件（INTERN. ZIP）。

（2）存档数据。可选择以下数据存档。

1）全部，将还原当前系统所需的数据存档。

2）应用，所有用户自定义的KRL模块（程序）和相应的系统文件均被存档。

3）机器参数，将机器参数存档。

4）Log数据，将Log文件存档。

5）KrcDiag，将数据存档，以便将其提供给KUKA机器人有限公司进行故障分析。在此将生成一个文件夹（名为KRCDiag），其中可写入十个ZIP文件。除此之外还另外在控制器中将存档文件存放在C：\KUKA\KRCDiag下。

（3）存档操作。存档操作步骤如下。

1）选择"文件"→"存档"→"USB（KCP）"或者"USB（控制柜）"以及所需的选项。

2）点击"是"确认安全询问。

3）当存档过程结束时，将在信息窗口中显示出来。

4）当U盘上的LED指示灯熄灭之后，可将其取下。

注意：仅允许使用"KUKA. USBData"的U盘。如果使用其他U盘，则可能造成数据丢失或数据被更改。

（4）还原机器人程序操作。

1）选择"文件"→"还原"然后选择所需的子项。

2）点击"是"确认安全询问。存档结束时，已存档的文件在机器人控制系统里重新恢复。当恢复过程结束时，屏幕出现相关的消息。

3）如果已从U盘方式完成还原，拔出U盘。如果正从U盘执行还原，只有当U盘上的LED熄灭之后方可拔出U盘，否则会导致U盘受损。

4）重新启动机器人控制系统。

二、学会建立和更改程序

1. 创建新的运动指令

（1）机器人示教编程。对机器人运动进行编程需要知道机器人的位置POS，指定运行方式（PTP点到点、LIN直线、CIRC圆形），设定速度Vel和加速度Acc，为缩短节拍时间的点与轨迹的逼近CONT，还有针对每个运动对姿态引导的单独设置等。

一般情况是，对机器人所要通过的所有空间的点进行逐点示教，并且用轨迹示教指令（PTP点到点、LIN直线、CIRC圆形）将示教点连接起来，从而创建一个新的运动指令，机器人运动的示教编程如图4-3所示。

机器人编程的运动指令参数说明见表4-1。

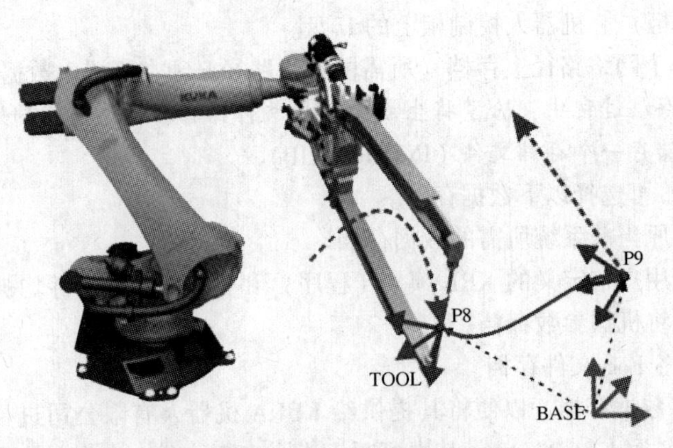

图 4-3 机器人运动的示教编程

表 4-1 运动指令参数说明

运动指令参数	说明
机器人运动位置	POS，工具在空间中的相应位置会被保存
机器人运行方式	PTP 点到点运行 LIN 直线运行 CIRC 圆形运行
两点间运动速度	Vel 运动快慢
加速度	Acc 运动速度变化快慢
轨迹逼近	CONT 为缩短运行节拍时间，运行点可以轨迹逼近，圆滑过渡到下一运动指令，但不会精确暂停
运行姿态	ORI_TYPE 针对每个运动对姿态引导进行单独设置

用示教方式对机器人运动进行编程时必须传输这些参数信息，运动指令编程如图 4-4 所示。

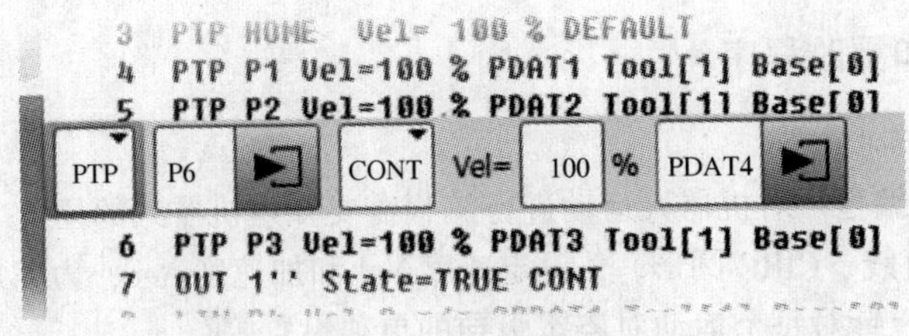

图 4-4 运动指令编程

（2）运动方式。机器人有不同的运动方式，可根据对机器人工作，使用不同的运动指令的编程。

1）按轴坐标运动。PTP（Point-To-Point，点到点）。

2）沿轨迹的运动。LIN（线性）和 CIRC（圆周形）。

3）SPLINE 样条是一种尤其适用于复杂曲线轨迹的运动方式。这种轨迹原则上也可以通过 LIN 运动和 CIRC 运动生成，但是样条更有优势。

2. 创建已优化节拍时间的运动（轴运动）

（1）PTP 运动方式。PTP 运动方式如图 4-5 所示。

1）轴坐标运动：机器人将 TCP 沿最快速轨迹送至目标点。最快速的轨迹通常并不是最短的轨迹，因而不是直线。由于机器人轴是旋转运动，因此弧形轨迹会比直线轨迹更快。

2）运动的具体过程是不可预见的，可以是直线，也可是曲线。

3）导向轴是达到目标点所需时间最长的轴。

4）SYNCHRO PTP：所有轴同时启动并且也同步停下。

5）程序中的第一个运动必须为 PTP 运动，因为只有在此运动中才评估状态和转向。

6）主要应用于点焊、运输、测量。

7）辅助位置是位于中间的点或空间中的任意点。

（2）轨迹逼近。为了加速运动过程，控制器可以 CONT 标示的运动指令进行轨迹逼近。轨迹逼近意味着将不精确移到点坐标，预先离开精确保持轮廓的轨迹。TCP 被导引沿着轨迹逼近轮廓运行，该轮廓止于下一个运动指令的精确保持轮廓，轨迹逼近如图 4-6 所示。

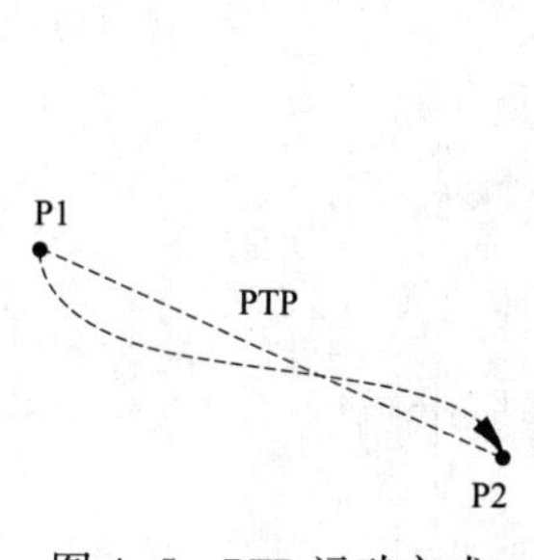

图 4-5　PTP 运动方式

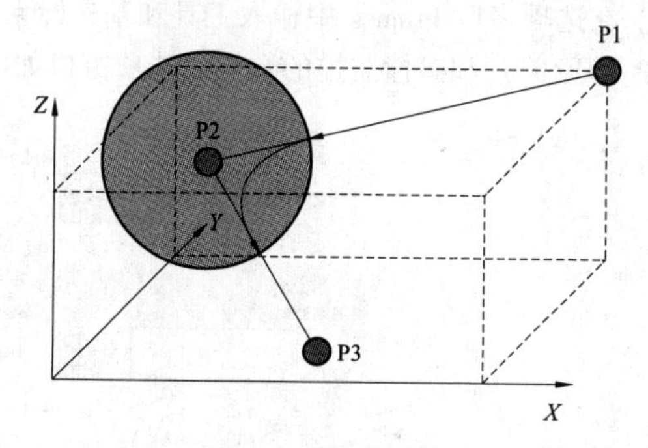

图 4-6　轨迹逼近

为了能够执行轨迹逼近运动，控制器必须能够读入运动语句，轨迹逼近 CONT 在指令中以 xx% 表示。轨迹逼近的优点包括减少磨损和降低节拍时间。

（3）创建 PTP 运动的操作。前提条件是已经设置运行方式为 T1，机器人程序已选定。操作步骤如下。

1）将 TCP 移向应被示教为目标点的位置。

2）将光标置于其后应添加运动指令的那一行中。

3）选择“指令”→“运动”→“PTP”。

4）在编辑好的行中，按下“运动”键，则出现联机表格，PTP 运动的联机表格如图 4-7 所示。

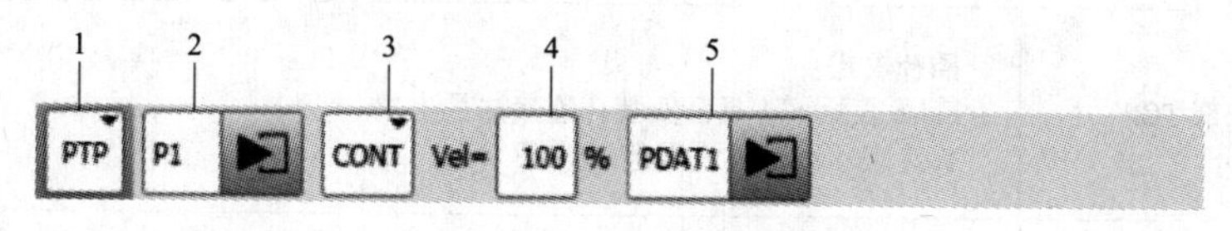

图 4-7　PTP 运动的联机表格

5）在联机表格中，输入参数，PTP 运动参数说明见表 4-2。

表 4-2 PTP 运动参数说明

序号	参数	说明
1	运动方式	PTP、LIN 或者 CIRC
2	目标点的名称	自动分配，但可予以单独覆盖 触摸箭头以编辑点数据，然后选项窗口 Frames 自动打开 对于 CIRC，必须为目标点额外示教一个辅助点。移向辅助点位置，然后按下“Touchup HP”
3	移动方式	CONT：目标点被轨迹逼近； ［空白］：将精确地移至目标点
4	速度	PTP 运动：1~100%； 沿轨迹的运动：0.001~2m/s
5	运动数据组	1. 加速度； 2. 轨迹逼近距离（如果在 3 中输入了 CONT）； 3. 姿态引导（仅限于沿轨迹的运动）

6）在选项窗口 Frames 中输入工具和基坐标系的正确数据，以及关于插补模式的数据（外部 TCP：开/关）和碰撞监控的数据，选项窗口如图 4-8 所示。

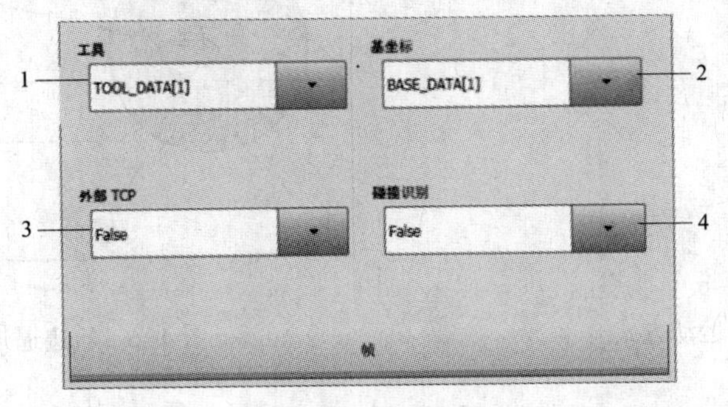

图 4-8 选项窗口

选项窗口参数说明见表 4-3。

表 4-3 选项窗口参数说明

序号	参数	说明
1	工具	如果外部 TCP 栏中显示 True 表示选择工具； 值域为［1］~［16］
2	基坐标	如果外部 TCP 栏中显示 True 表示选择固定工具； 值域为［1］~［32］
3	外部 TCP	插补模式： False 表示该工具已安装在连接法兰上； True 表示该工具为固定工具
4	碰撞识别	True 表示机器人控制系统为此运动计算轴的扭矩，此值用于碰撞的识别； False 表示机器人控制系统为此运动不计算轴的扭矩，因此对此运动无法进行碰撞识别

7）在移动参数选项窗口中可将加速度从最大值降下来，如图 4-9 所示。如果已经激活轨迹逼近，则也更改轨迹逼近距离。根据配置的不同，该距离的单位可以设置为 mm 或 %。

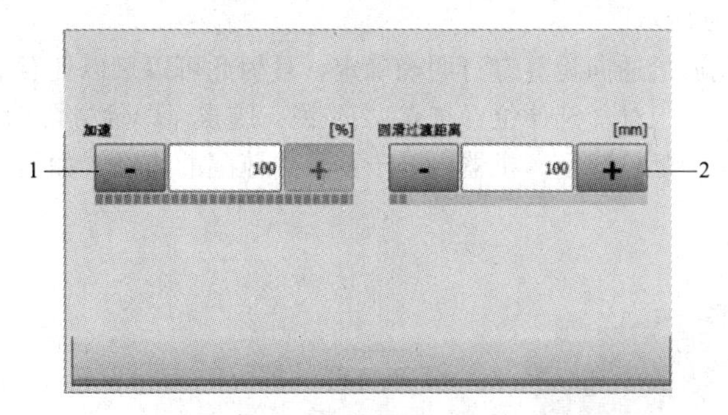

图 4-9　移动参数选项窗口

移动参数选项说明见表 4-4。

表 4-4　移动参数选项说明

序　号	参　　数	说　　明
1	加速	加速度以机器数据中给出的最大值为基准；最大值与机器人类型和所设定的运行方式有关；该加速度适用于该运动语句的主要轴； 取值：1%~100%
2	圆滑过渡距离	只有在联机表格中选择了 CONT 之后，此栏才显示； 离目标点的距离，即最早开始轨迹逼近的距离； 最大距离：从起点到目标点之间的一半距离，以无轨迹逼近 PTP 运动的运动轨迹为基准； 取值：1%~100%

8）单击"OK"键，存储指令，TCP 的当前位置被作为目标示教完成。

3. 创建沿轨迹的运动

（1）LIN 和 CIRC 运动方式。LIN 和 CIRC 运动含义见表 4-5。

表 4-5　LIN 和 CIRC 运动含义

运动方式	含　　义	应　　用
LIN （直线运动）	直线（Linear）： 1. 直线型轨迹运动； 2. 工具的 TCP 按设定的姿态从起点； 3. 匀速移动到目标点	轨迹焊接、激光焊接/切割
CIRC （圆形运动）	圆形（Circular）： 1. 圆形轨迹运动是通过起点、辅助点和目标点定义的； 2. 工具的 TCP 按设定的姿态从起点匀速移动到目标点； 3. 速度和姿态均以 TCP 为参照点	轨迹应用与 LIN 相同，圆周、半径、圆形

（2）奇点位置。有着 6 个自由度的 KUKA 机器人具有 3 个不同的奇点位置。即便在给定状态和步骤顺序的情况下，也无法通过逆向运算（将笛卡尔坐标转换成轴坐标值）得出唯一数值时，即可认为是一个奇点位置。或者当最小的笛卡尔变化也能导致非常大的轴角度变化时，即为奇点位置。奇点不是机械特性，而是数学特性，因此，奇点只存在于轨迹运动范围内，而

在轴运动时不存在。

1）顶置奇点 a1。在顶置奇点 a1 位置时，腕点（即轴 A4、A5、A6 的交叉点）垂直于机器人的轴 A1，如图 4-10 所示。

轴 A1 的位置不能通过逆向运算进行明确确定，且因此可以赋以任意值。

2）延展位置奇点 a2。对于延伸位置奇点 a2 来说，腕点（即轴 A4、A5、A6 的交叉点）位于机器人轴 A2 和 A3 的延长线上，机器人处于其工作范围的边缘，如图 4-11 所示。

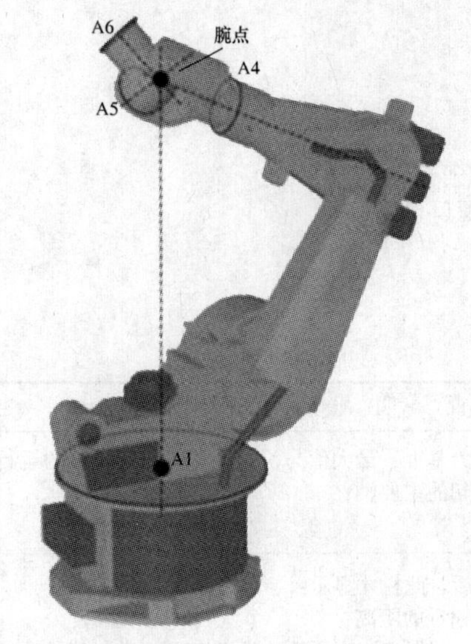

图 4-10 顶置奇点 a1

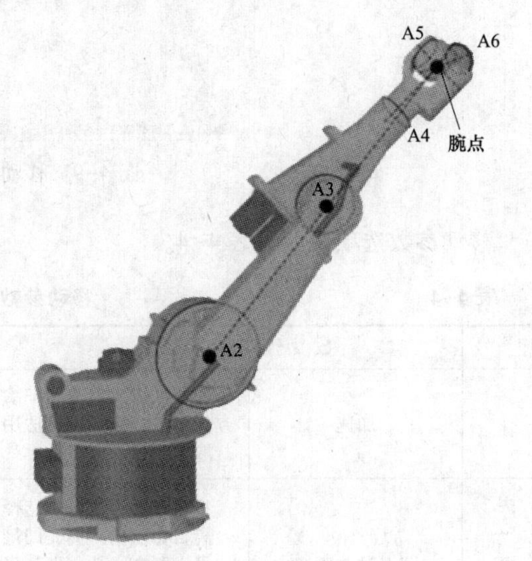

图 4-11 延展位置奇点 a2

通过逆向运算将得出唯一的轴角度，但较小的笛卡尔速度变化将导致轴 A2 和 A3 较大轴速变化。

3）手轴奇点 a5。对于手轴奇点 a5 来说，轴 A4 和 A6 彼此平行，并且轴 A5 处于±0.018 12°的范围内，如图 4-12 所示。

通过逆向运算无法明确确定两轴的位置。轴 A4 和 A6 的位置可以有任意多的可能性，但其轴角度总和均相同。

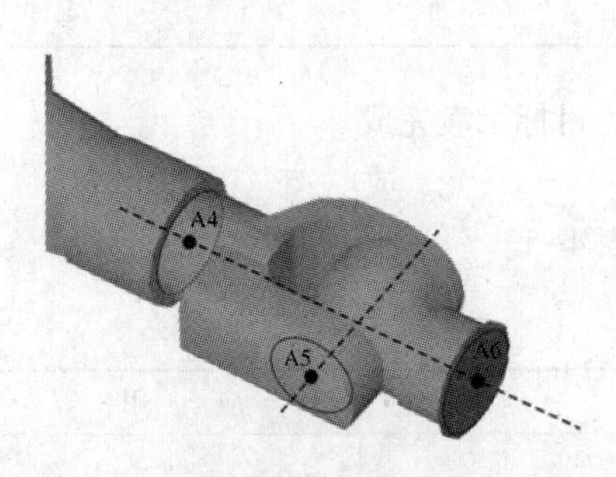

图 4-12 手轴奇点 a5

4. 沿轨迹的运动时的姿态引导

沿轨迹的运动时可以准确定义姿态引导，工具在运动的起点和目标点处的姿态可能不同。

5. 在运动方式 LIN 下的姿态引导

(1) 工具的姿态在运动过程中不断变化。

(2) 在机器人以标准方式，到达手轴奇点时，就可以使用手动 PTP，因为是通过手轴角度的线性轨迹逼近（按轴坐标的移动）进行姿态变化。

(3) 工具的姿态在运动期间保持不变，与在起点所示教的一样。在终点示教的姿态被忽略。

6. 在运动方式 CIRC 下的姿态引导

(1) 工具的姿态在运动过程中不断变化。

(2) 在机器人以标准方式到手轴奇点时，就可以使用手动 PTP，因为是通过手轴角度的线性轨迹逼近（按轴坐标的移动）进行姿态变化。

(3) 工具的姿态在运动期间保持不变，与在起点所示教的一样。在终点示教的姿态被忽略。

7. 在运动方式 CIRC 下的姿态引导

(1) 工具的姿态在运动过程中不断变化。

(2) 在机器人以标准方式到手轴奇点时，就可以使用手动 PTP，如图 4-13 所示，因为是通过手轴角度的线性轨迹逼近（按轴坐标的移动）进行姿态变化。

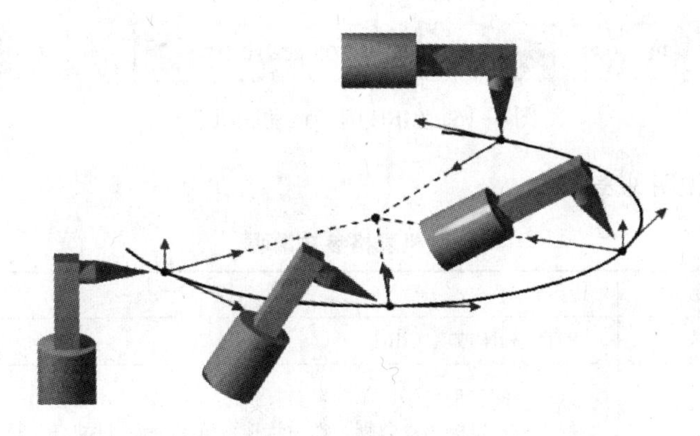

图 4-13　手动 PTP

(3) 工具的姿态在运动期间保持不变，与在起点所示教的一样，在终点示教的姿态被忽略。

8. 创建 LIN 和 CIRC 运动

前提条件为已设置运行方式 T1，机器人程序已选定。创建 LIN 和 CIRC 运动的操作步骤如下。

(1) 将 TCP 移向应被示教为目标点的位置，如图 4-14 所示。

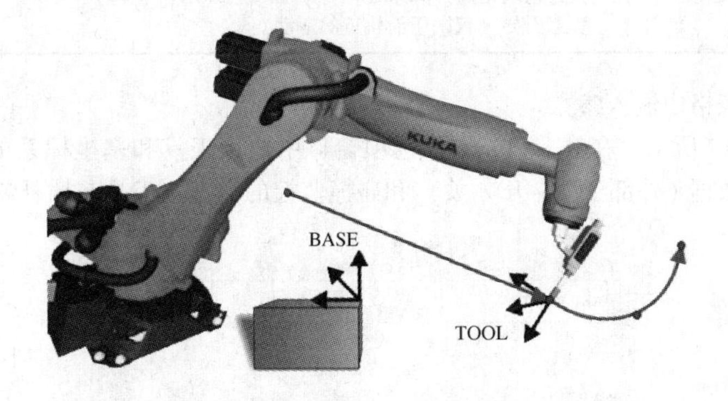

图 4-14　TCP 示教

(2) 将光标置于其后应添加运动指令的那一行中。

(3) 选择“指令”→“运动”→“LIN”或者“CIRC”。

作为选项，也可在相应运行中按下“运动”键，将弹出联机表格。

LIN 直线运动联机表格如图 4-15 所示。

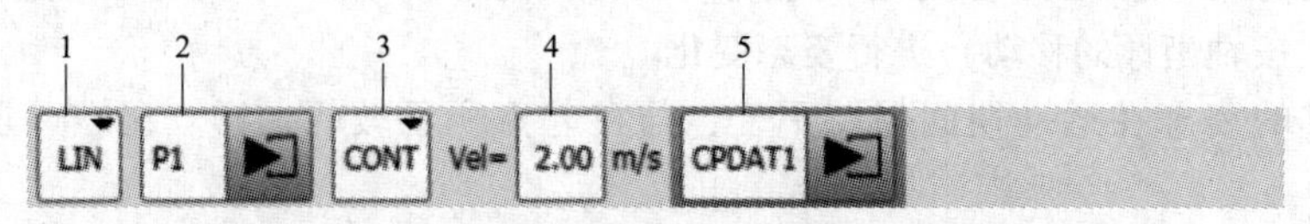

图 4-15 LIN 直线运动联机表格

CIRC 圆形运动联机表格如图 4-16 所示。

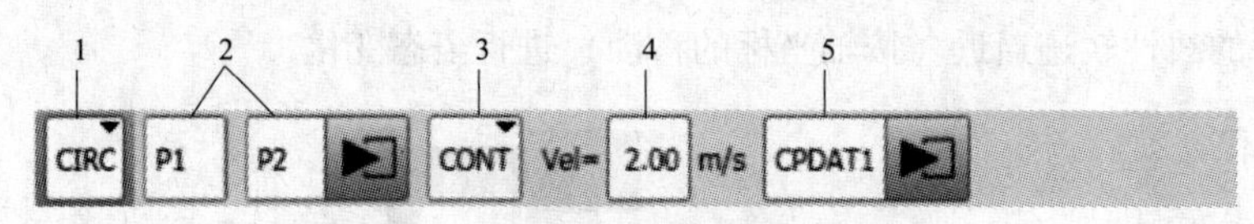

图 4-16 CIRC 圆形运动联机表格

联机表格参数说明见表 4-6。

表 4-6 联机表格参数说明

序号	参数	说明
1	运动方式	PTP、LIN 或者 CIRC
2	目标点的名称	自动分配，但可予以单独覆盖； 触摸箭头以编辑点数据，然后选项窗口 Frames 自动打开； 对于 CIRC，必须为目标点额外示教一个辅助点。移向辅助点位置，然后按下“Touchup HP”，辅助点中的工具姿态无关紧要
3	移动方式	CONT：目标点被轨迹逼近； ［空白］：将精确地移至目标点
4	速度	PTP 运动：1%～100%； 沿轨迹的运动：0.001～2m/s
5	运动数据组	加速度； 轨迹逼近距离（如果在栏 3 中输入了 CONT）； 姿态引导（仅限于沿轨迹的运动）

（4）在联机表格中输入参数。

（5）如图 4-17 所示，在帧（Frames）选项窗口中输入工具和基坐标系的正确数据，以及关于插补模式的数据（外部 TCP：开 / 关）和碰撞监控的数据。工具与插补参数说明见表 4-7。

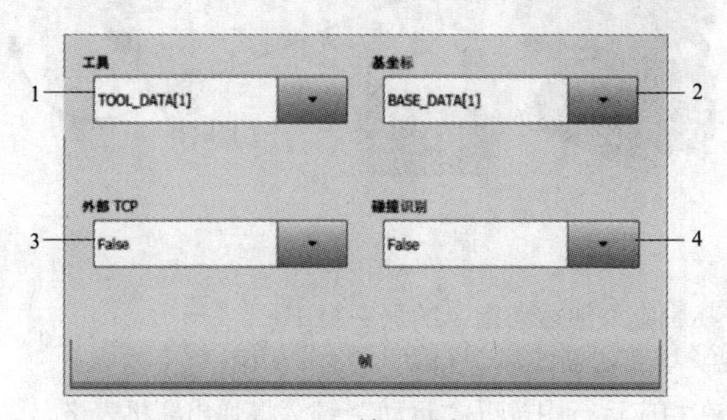

图 4-17 帧选项窗口

表 4-7　　工具与插补参数说明

序　号	参　　数	说　　明
1	工具	如果外部 TCP 栏中显示 True 表示选择工具； 值域为［1］~［16］
2	基坐标	如果外部 TCP 栏中显示 True 表示选择固定工具； 值域为［1］~［32］
3	外部 TCP	插补模式： False 表示该工具已安装在连接法兰上； True 表示该工具为固定工具
4	碰撞识别	True 表示机器人控制系统为此运动计算轴的扭矩，此值就用于碰撞识别； False 表示机器人控制系统为此运动不计算轴的扭矩，因此对此运动无法进行碰撞识别

(6) 如图 4-18 所示，在运动参数选项窗口中可将加速度从最大值降下来。如果轨迹逼近已激活，则可更改轨迹逼近距离，此外也可修改姿态引导。运动参数说明见表 4-8。

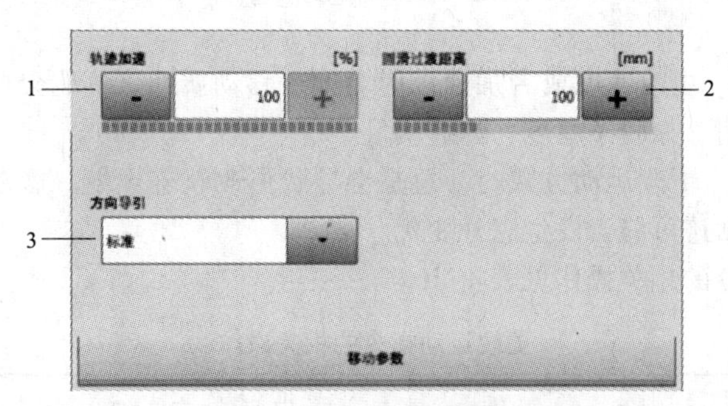

图 4-18　运动参数选项窗口

表 4-8　　运 动 参 数 说 明

序　号	参　　数	说　　明
1	轨迹加速	加速度：以机器数据中给出的最大值为基准。此最大值与机器人类型和所设定的运行方式有关
2	圆滑过渡距离	至目标点的距离，最早在此处开始轨迹逼近； 此距离最大可为起始点至目标点距离的一半，如果在此处，输入了一个更大数值，则此值将被忽略而采用最大值； 只有在联机表格中选择了 CONT 之后，此栏才显示
3	方向导引	选择姿态引导，有标准，手动 PTP，稳定的姿态引导

(7) 单击“OK”键，存储指令。TCP 的当前位置被作为目标示教。

9. 更改运动指令

(1) 更改运动指令的原因见表 4-9。

表 4-9 更改运动指令的原因

典型原因	待执行的更改
1. 待抓取工件的位置发生变化； 2. 加工时 5 个孔中的一个孔位置发生变化； 3. 焊条必须截短	位置数据的更改
货盘的发生变化	更改帧数据：基坐标系和/或工具坐标系
意外使用了错误基坐标系对某个位置进行了示教	更改帧数据：带位置更新的基坐标系和/ 或工具坐标系
加工速度太慢：节拍时间必须改善	1. 更改运动数据：速度、加速度； 2. 更改运动方式

（2）更改运动指令的作用。

1）更改位置数据。只更改点的数据组：点获得新的坐标，因为已用“Touchup”更新了数值。旧的点坐标被覆盖，并且不再提供。

2）更改帧数据。更改帧数据（如工具、基坐标）时，会导致位置发生位移，如“矢量位移”。机器人位置会发生变化，旧的点坐标依然会被保存并有效。发生变化的仅是参照系（如基坐标），可能会出现超出工作区的情况，因此不能到达某些机器人位置。如果机器人位置保持不变，但帧参数改变，则必须在更改参数（如基坐标）后在所要的位置上用“Touchup”更新坐标。

3）更改运动数据。更改速度或者加速度时会改变移动属性。可能会影响加工工艺，特别是使用轨迹应用程序时，如胶条厚度、焊缝质量。

4）更改运动方式。更改运动方式时，总是会导致更改轨迹规划。这在不利情况下可能会导致发生碰撞，因为轨迹可能会发生意外变化。

（3）更改运动指令的相关操作见表 4-10。

表 4-10 更改运动指令的相关操作

指　　令	相关操作
更改运动参数“帧”	1. 将光标放在须改变的指令行里； 2. 点击更改，指令相关的联机表格自动打开； 3. 打开选项窗口“帧”； 4. 设置新工具坐标系或者基坐标系或者外部 TCP； 5. 单击“OK”键，确认用户对话框“注意！改变以点为基准的帧参数时会有碰撞危险！”； 6. 如要保留当前的机器人位置及更改的工具坐标系和/或基坐标设置，则必须按下“Touch Up”键，以便重新计算和保存当前位置； 7. 单击“OK”键，存储变更； 如果帧参数发生变化，则必须重新测试程序是否会发生碰撞
更改位置	1. 设置运行方式 T1，将光标放在要改变的指令行里； 2. 将机器人移到所要的位置； 3. 点击更改，指令相关的联机表格自动打开； 4. 对于 PTP 和 LIN 运动，按下 Touchup（修整），以便确认 TCP 的当前位置为新的目标点。对于 CIRC 运动，按 Touchup HP（修整辅助点），以便确认 TCP 的当前位置为新的辅助点，或者按 Touchup ZP（修整目标点），以便确认 TCP 的当前位置为新的目标点； 5. 单击“是”键，确认安全询问； 6. 单击“OK”键，存储变更

续表

指　　令	相关操作
更改运动参数	可用于运动方式、速度、加速度、轨迹逼近、轨迹逼近距离的更改： 1. 将光标放在须改变的指令行里； 2. 点击更改，指令相关的联机表格自动打开； 3. 更改参数； 4. 单击“OK”键，存储变更； 更改运动参数后必须重新检查程序是否不会引发碰撞并且过程可靠

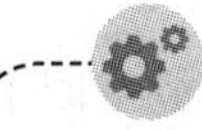

技能训练

一、训练目标

（1）学会创建程序模块。

（2）学会建立程序。

（3）学会更改程序。

二、训练内容和步骤

（1）创建程序模块。

1）在目录结构中，选定要在其中建立程序的文件夹，如 Program（程序）文件夹，然后切换到文件列表。

2）按下“新建”键。

3）输入程序名称，需要时再输入注释，然后按“OK”确认。

（2）编辑程序模块。

1）选择程序模块。

2）重命名程序模块。

3）复制程序模块。

4）删除程序模块。

5）保存程序模块。

（3）建立新的运动指令。

1）建立 PTP 点对点运动指令程序。

2）建立 LIN 直线运动指令程序。

3）建立 CIRC 圆形运动指令程序。

（4）更改运动指令。

1）更改 PTP 点对点运动指令程序。

2）更改 LIN 直线运动指令程序。

3）更改 CIRC 圆形运动指令程序。

任务7 执行机器人程序

基础知识

一、执行初始化运行程序

1. BCO 运行

KUKA 机器人的初始化运行称为 BCO 运行。

BCO 是 Blockcoincidence（即程序段重合）的缩写。重合意为“一致”及“时间/空间事件的会合”。

在下列情况下要进行 BCO 运行：①选择程序；②程序复位；③程序执行时手动移动；④更改程序；⑤语句行选择。

2. BCO 运行举例

（1）选定程序或程序复位后 BCO 运行至原始位置。

（2）更改了运动指令后执行 BCO 运行删除、示教了点后。

（3）进行了语句行选择后执行 BCO 运行。

3. BCO 运行的必要性

（1）为了使当前的机器人位置与机器人程序中的当前点位置保持一致，必须执行 BCO 运行。

（2）仅在当前的机器人位置与编程设定的位置相同时才可进行轨迹规划。因此，首先必须将 TCP 置于轨迹上。

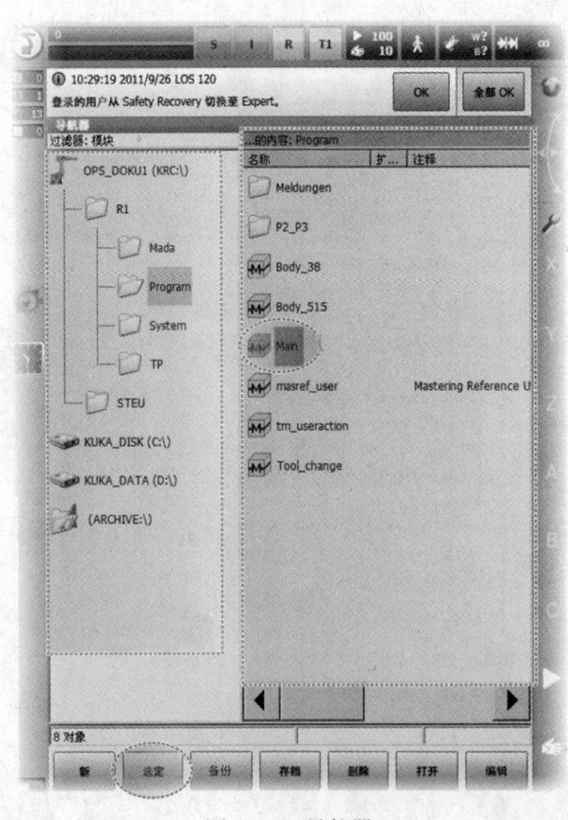

图 4-19 导航器

二、选择和启动机器人程序

1. 选择执行一个机器人程序

如果要执行一个机器人程序，则必须事先将其选中。

机器人程序在导航器中的程序用户界面上供选择，导航器如图 4-19 所示。通常，在文件夹中创建移动程序。Cell 程序（由 PLC 控制机器人的管理程序）始终在文件夹“R1”中。

选择执行一个机器人程序的操作如下。

（1）在导航器中双击“Program”文件夹。

（2）在展开的文件夹中，选择“Main”程序文件。

（3）按“选定”按钮，打开“Main”程序文件。

2. 程序运行键

对于程序启动，有启动正向运行程序按键 ▶ 和启动反向运行程序按键 ◀ 供选择，如图 4-20所示。

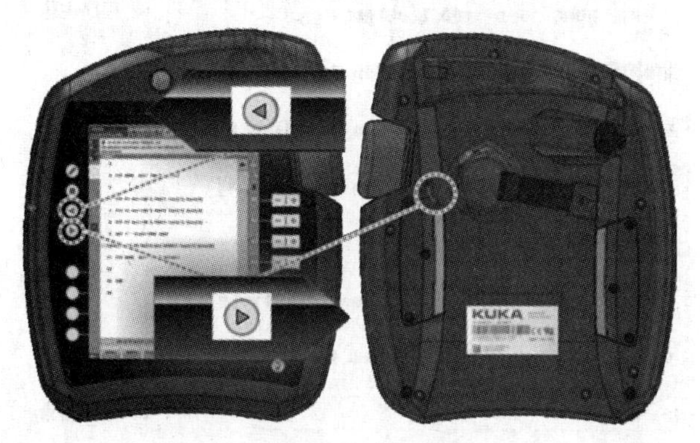

图 4-20　程序运行键

3. 程序运行方式

程序运行的 3 种方式见表 4-11。

表 4-11　　**程序运行的 3 种方式**

方　式	说　明
[GO 图标]	GO 连续运行： 程序连续运行，直至程序结尾； 在测试运行中必须按住启动键
[MSTEP 图标]	MSTEP 程序步进运行： 在程序步进运行时，每个运动指令都单个执行，每一个运动指令结束后，都必须重新按下“启动”键； 特别是调用某个子程序指令，指令执行时，一次执行所有子程序指令
[ISTEP 图标]	ISTEP（用户组“ 专家 ”使用）： 1. 在增量步进时，逐行执行（与行中的内容无关）； 2. 每行执行后，都必须重新按下启动键

4. KUKA 程序结构

一个完整的 KUKA 机器人程序包括程序名定义、程序初始化、程序主体、程序结束等，如图 4-21 所示。程序结构在专家用户组中可见。

（1）“DEF 程序名（）”始终出现在程序开头，“END”表示程序结束。

（2）“INI”行，包含程序正确运行所需的标准参数的调用，“INI”行必须最先运行，自带的程序文本，包括运动指令、等待/逻辑指令等。

（3）行驶指令“PTP Home”常用于程序开头和末尾，因为这是唯一的已知位置。

5. 程序状态显示

程序状态显示说明见表 4-12。

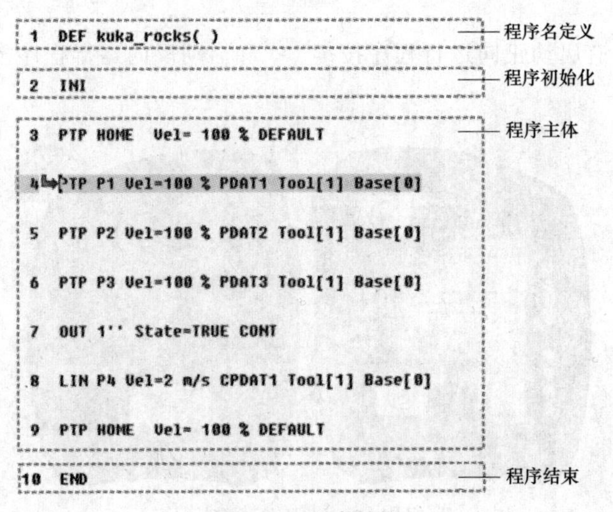

图 4-21 程序结构

表 4-12 **程序状态显示说明**

图 标	颜 色	说 明
R	灰色	未选定程序
R	黄色	语句指针位于所选程序的首行
R	绿色	已经选择程序，而且程序正在运行
R	红色	选定并启动的程序被暂停
R	黑色	语句指针位于所选程序的末端

启动机器人程序的操作步骤如下。

（1）选择程序，如图 4-22 所示。

（2）设定程序速度（程序倍率，POV），如图 4-23 所示。

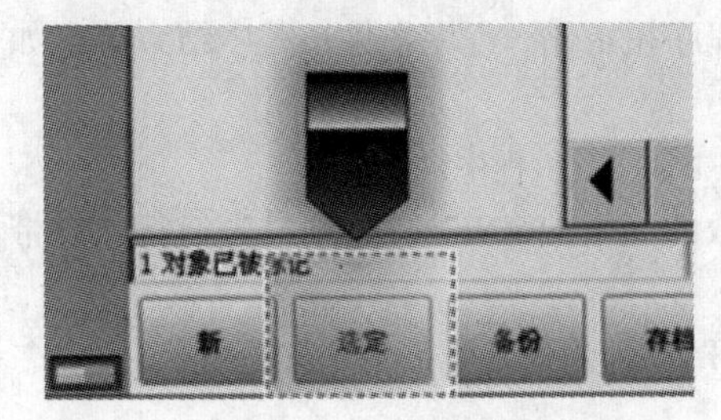

图 4-22 选择程序

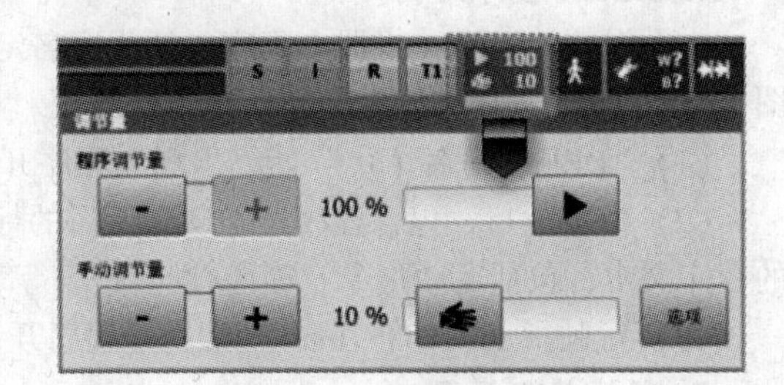

图 4-23 设定程序速度

（3）按“确认”键，如图 4-24 所示。

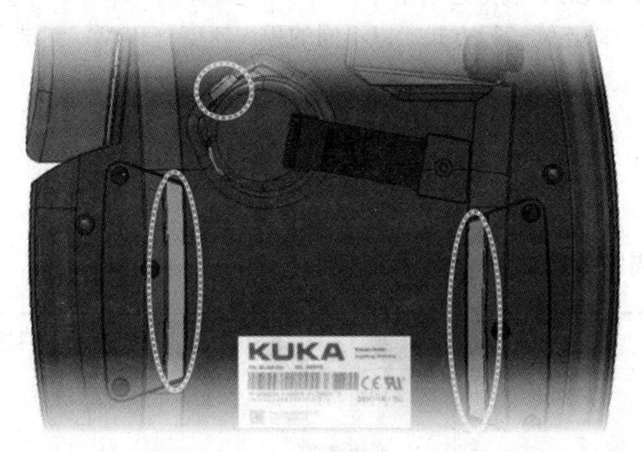

图 4-24 按“确认”键

(4) 按下启动键并按住确认键，“INI” 行得到处理，机器人执行 BCO 运行。

(5) 到达目标位置后运行停止。

技能训练

一、训练目标

(1) 学会选择程序。

(2) 学会启动执行程序。

(3) 学会观察程序运行状态。

二、训练内容和步骤

(1) 创建程序并测试程序运行。

1) 创建名称为 PROG1 的程序。

2) 在 PROG1 程序中，创建一组 6 个 PTP 指令的语句。

3) 测试运行程序，如无碰撞，删除一个点，并新建一个点。

4) 在 T1 模式下，以不同的程序速度（POV）测试程序。

5) 在自动运行模式下，测试程序运行。

(2) 观察程序运行状态。

1) 创建名称为 PROG2 的程序。

2) 在 PROG1 程序中，创建一组 2 个 PTP 指令的语句、2 个 LIN 指令的语句程序。

3) 在 T1 模式下，以不同的手动速度（HOV）测试程序。

4) 修改 PTP 指令的 CONT 参数，以连续运行方式，测试运行程序，比较有无 CONT 参数，机器人运行轨迹的差异。

5) 在 T1 模式下，设置程序运行方式为 MSTEP 程序步进方式，以不同的程序速度（POV）测试程序。

6) 观察程序运行状态。

7) 修改 LIN 指令的 CONT 参数，以连续运行方式，测试运行程序，比较有无 CONT 参数，机器人运行轨迹的差异。

8）在程序中，增加 CIRC 圆形运动指令。

9）在 T1 模式下，以连续运行方式，以不同的程序速度（POV）测试程序，观察程序运行状态。

技 能 综 合 训 练

一、平面图形描图示教编程任务书

<table>
<tr><td>姓名</td><td colspan="2"></td><td>项目名称</td><td>平面图形描图示教编程</td></tr>
<tr><td>指导教师</td><td colspan="2"></td><td>同组人员</td><td></td></tr>
<tr><td>计划用时</td><td colspan="2"></td><td>实施地点</td><td></td></tr>
<tr><td>时间</td><td colspan="2"></td><td>备注</td><td></td></tr>
<tr><td colspan="5">任务内容</td></tr>
<tr><td colspan="5">了解程序模块的定义及结构。
掌握程序的创建、编辑、修改等。
掌握运动指令 PTP、LIN、CIRC 的定义。
掌握运动指令轨迹逼近的含义及应用。
掌握运动指令的联机表单的格式。
了解机器人的奇异点和运动轨迹姿态的引导。
掌握机器人的程序运行。</td></tr>
<tr><td rowspan="6">考核内容</td><td colspan="4">程序模块的定义及结构</td></tr>
<tr><td colspan="4">程序的创建及编辑</td></tr>
<tr><td colspan="4">运动指令的定义</td></tr>
<tr><td colspan="4">运动指令联机表单</td></tr>
<tr><td colspan="4">基坐标的应用</td></tr>
<tr><td colspan="4">程序运行</td></tr>
<tr><td colspan="2">资料</td><td colspan="2">工具</td><td>设备</td></tr>
<tr><td colspan="2">教材</td><td colspan="2">尖顶工具</td><td rowspan="4">KUKA 多功能工作站</td></tr>
<tr><td colspan="2">课件</td><td colspan="2"></td></tr>
<tr><td colspan="2"></td><td colspan="2"></td></tr>
<tr><td colspan="2"></td><td colspan="2"></td></tr>
</table>

二、平面图形描图示教编程任务完成报告表

姓名		任务名称	平面图形描图示教编程
班级		同组人员	
完成日期		分工任务	

（一）填空题

1. 程序模块由__________和__________两个部分组成。

2. 通过 KUKA 导航器编辑__________程序模块，编辑方式与常见的文件系统类似。编辑方式包括：__________、__________、__________。

3. 机器人的点到点（PTP）运动是机器人沿__________将 TCP 从__________引至__________。

4. 线性运动时机器人沿着__________以定义的速度移动至__________。

5. 圆周运动是机器人沿__________以定义的速度将 TCP 移动至__________。圆形轨道是通过__________、__________和__________定义实现。

6. 为了加速运动过程，控制器以__________标示的运动指令进行轨迹逼近。轨迹逼近意味着将__________移到点坐标。

7. 轨迹逼近功能不适用于生成__________。在运行方式 PTP 、LIN 和 CIRC 下进行轨迹逼近。

8. PTP 运动方式下轨迹逼近的特点是__________，轨迹逼近距离以__________表示。

9. LIN 运动方式下轨迹逼近的特点是__________，轨迹逼近距离为__________数字。

10. 在 KUKA 机器人中，如果要执行一个机器人程序，则必须事先将其选中，并以__________方式打开。

11. 有着 6 个自由度的 KUKA 机器人具有__________个不同的奇点位置，奇点不是__________，而是__________，出于此原因，奇点只存在于轨迹运动范围内，而在轴运动时不存在。

（二）判断题

1. 机器人运动最快的轨道也是最短的轨道。（　　）

2. 机器人的点到点（PTP）运动，机器人的轨迹并非是直线，所有轴的运动同时开始和结束，这些轴同步，且无法精确地预计机器人的轨迹。（　　）

3. 线性运动时，工具尖端从起点到目标点做直线运动。此时，只有工具的尖端精确地沿着定义的轨迹运行，而工具本身的取向则在运动过程中发生变化，此变化与程序设定的取向有关。（　　）

4. KUKA 机器人的初始化运行称为 BCO 运行。在进行选择程序、程序复位、程序执行时手动移动、在程序中更改或语句行选择时，可以不进行 BCO 运行。（　　）

5. 沿轨迹运动时可以准确定义姿态导引，但是工具在运动的起点和目标点处的方向可能不同。（　　）

（三）简答题

1. 指出下列图中各属于什么运动，各自的特点是什么？

续表

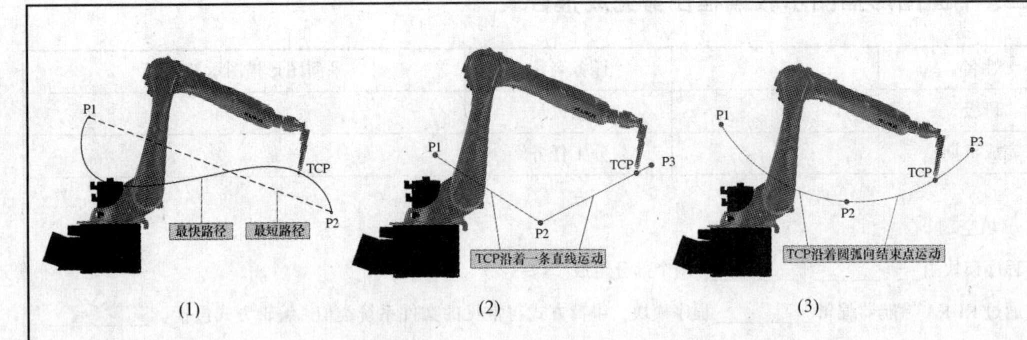

(1) (2) (3)

2. 为什么机器人运行轨迹与给定值会有偏差？

3. 选择和打开程序之间的区别是什么？各有什么用途？

4. BCO 运行是什么，在哪些情况下需要执行 BCO 运行？

5. 在 PTP、LIN 和 CIRC 运动中移动速度以何种形式给出？该速度以什么为基准？

6. 将 CONT 指令插入现有的运动指令中时必须注意什么？

7. 修正、更改或删除编程的点时必须注意什么？

（四）实操题

请按要求完成以下操作任务。

1. 针对空间的点使用不同的速度运行机器人。
2. 创建新程序，并对程序进行添加、删除、修改指令等操作。
3. 在创建的程序中多次调用相同的点。
4. 创建基坐标 base1、base2。
5. 复制基坐标 base1 下的轨迹到 base2 中。
6. 在运行方式 T1、T2 和自动运行模式下测试程序。此时请注意安全规程。
7. 在新程序的运动指令中加入或去掉轨迹逼近指令，查看机器人运动的轨迹。

项目五 KUKA机器人的逻辑控制

学习目标

(1) 了解机器人的输入、输出。

(2) 学会机器人的逻辑控制。

任务8 机器人的逻辑控制

基础知识

一、机器人与外围设备

1. 机器人的输入、输出连接

通过机器人的输入、输出可以实现机器人与外部设备的通信与交流，可以使用机器人的数字式输入、模拟输入和数字输出端。

(1) 通信。通过接口交换信息的过程，称为通信。利用通信可以询问外部设备的状态。如上位机、PLC、外部工具的状态等。

(2) 外围设备。机器人周围的设备，如上位机、PLC、传感器、焊枪、抓爪等。

(3) 数字输入。离散的开关型输入信号，如PLC、传感器传输的TRUE、FALSE信号等。

(4) 数字输出。离散的开关型输出信号，如机器人输出的控制外部设备阀门、抓爪的状态切换信号等。

(5) 模拟信号。随时间连续变化的信号，可以称为模拟信号，如温度、压力等。

2. 逻辑控制编程

利用逻辑指令实现的控制，简称为逻辑控制。常用的逻辑控制指令如下。

(1) OUT：在程序的某个位置开启或关闭一个输出。

(2) WAIT FOR：与信号有关的等待功能，控制系统在此等待信号，包括输入端IN、输出端OUT、定时信号TIMER、控制系统内部存储地址的FLAG信号等。

(3) WAIT：与时间相关的等待功能，控制器根据输入的时间，在程序中的该位置上等待。

3. 等待功能的编程

(1) 计算机预进。计算机预进时，预先读入运动语句，以便控制系统能够在有轨迹逼近指令时进行轨迹设计。但处理的不仅仅是预进运动数据，而且还有数学的和控制外围设备的指令，如图5-1所示。

(2) 等待功能。运动程序中的等待功能可以很简单地通过联机表格进行编程，等待联机表格如图5-2所示。在这种情况下，等待功能被区分为与时间有关的等待功能和与信号有关的等待功能。

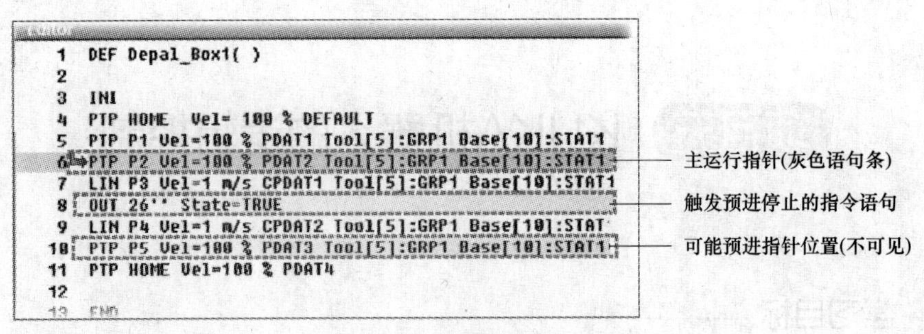

图 5-1　计算机预进

图 5-2　等待联机表格

1）用 WAIT 可以使机器人的运动按编程设定的时间暂停。WAIT 总是触发一次预进停止。其中，WAIT Time（等待时间）≥0s。

程序示例如下：

```
PTP P1 Vel=50% PDAT1
PTP P2 Vel=50% PDAT2
WAIT Time=1sec
PTP P3 Vel=50% PDAT3
```

在 P2 处等待的运行轨迹如图 5-3 所示。

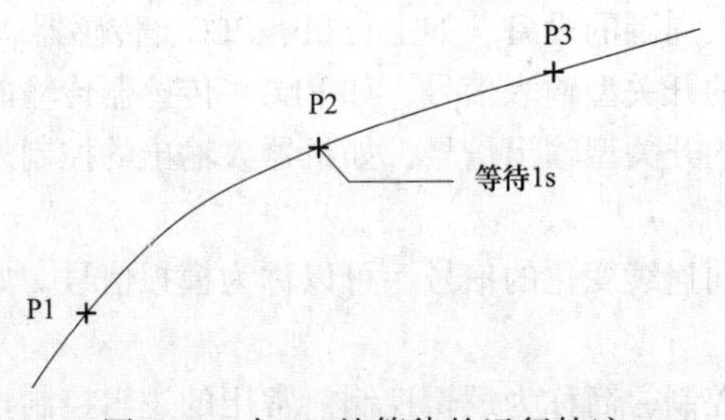

图 5-3　在 P2 处等待的运行轨迹

2）WAIT FOR 设定一个与信号有关的等待功能。需要时可将多个信号（最多 12 个）按逻辑连接。如果添加了一个逻辑连接，则联机表格中会出现用于附加信号和其他逻辑连接的栏，WAIT FOR 联机表格如图 5-4 所示。

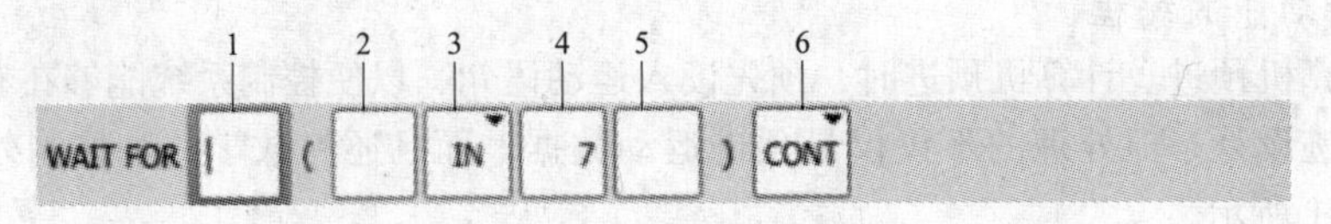

图 5-4　WAIT FOR 联机表格

联机表格参数说明见表 5-1。

表 5-1　　　　　　　　　　**WAIT FOR 联机表格参数说明**

序　号	参　　数	说　　明
1	添加外部连接	运算符位于加括号的表达式之间，添加 AND、OR、EXOR、NOT 或空白； 用相应的按键添加所需的运算符
2	添加内部连接	运算符位于一个加括号的表达式内，添加 AND、OR、EXOR、NOT 或空白； 用相应的按键添加所需的运算符
3	等待的信号	有 IN、OUT、CYCFLAG、TIMER、FLAG 等。
4	信号编码	值域为 1~4096
5	名称	如果信号已有名称则会显示出来，仅限于专家用户组使用； 通过点击长文本可输入名称，名称可以自由选择
6	是否带预进	CONT：在预进过程中加工； ［空白］：带预进停止的加工

(3) 逻辑连接。在应用与信号相关的等待功能时也会用到逻辑连接。用逻辑连接与对不同信号或状态的查询组合起来，如可定义相关性，或排除特定的状态，如图 5-5 所示。

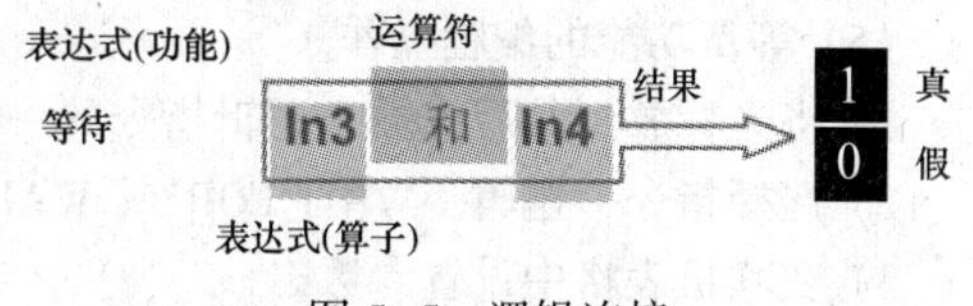

图 5-5　逻辑连接

一个具有逻辑运算符的函数始终以一个真值为结果，即最后始终给出“真”(值 1) 或“假”(值 0)。常用的逻辑运算指令如下。

1) NOT，该运算符用于否定。

2) AND，当连接的两个表达式为真时，该表达式的结果为真。

3) OR，当连接的两个表达式中至少一个为真时，该表达式的结果为真。

4) EXOR，当由该运算符连接的命题有不同的真值时，该表达式的结果为真。

(4) 有预进和没有预进的加工（CONT)。与信号有关的等待功能在有预进或者没有预进的加工下都可以进行编程设定。

1) 没有预进。没有预进，表示在任何情况下都会将运动停在某点，并在该处检测信号，即 CONT 为空白，该点精确到位，不进行轨迹逼近，如图 5-6 所示。

程序示例如下：

```
PTP P1 Vel=100% PDAT1
PTP P2 CONT Vel=100% PDAT2
WAIT FOR IN 10 'door_signal'        [注释,此处无 CONT]
PTP P3 Vel=100% PDAT3
```

2) 有预进。有预进，编程设定的与信号有关的等待功能，允许在指令运行前对创建的点进行轨迹逼近。但预进指针的当前位置不会唯一（标准值：三个运动语句），因此无法明确确定信号检测的准确时间，如图 5-7 所示。除此之外，信号检测后也不能识别信号更改。

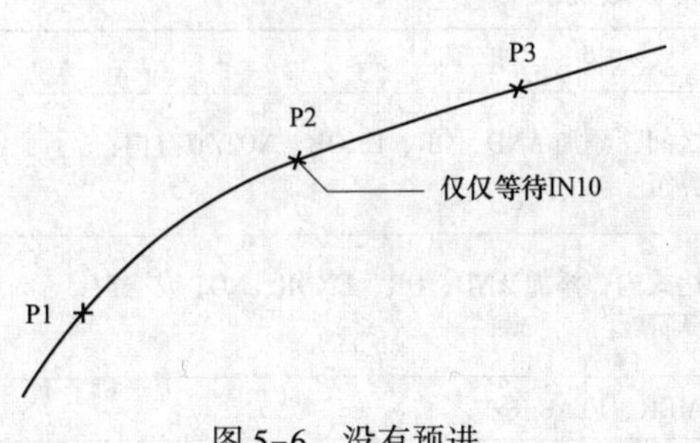

图 5-6　没有预进

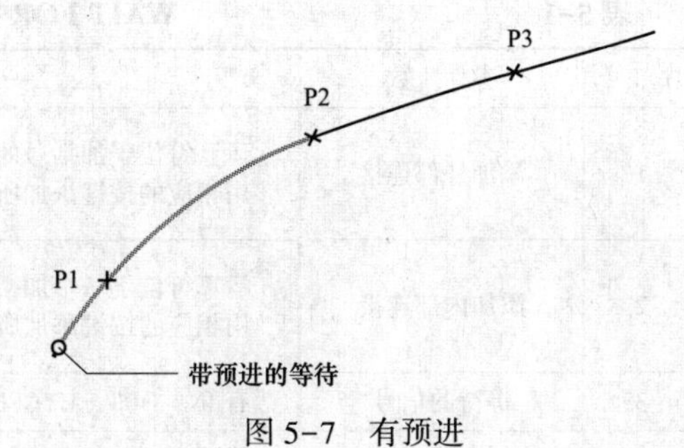

图 5-7　有预进

程序示例如下：

```
PTP P1 Vel=100% PDAT1
PTP P2 CONT Vel=100% PDAT2
WAIT FOR IN 10 'door_signal'   CONT  [注释,此处有 CONT]
PTP P3 Vel=100% PDAT3
```

（5）等待功能的编程操作。

1）将光标放到其后应插入逻辑指令的一行上。

2）选择指令→逻辑→WAIT FOR 或 WAIT。

3）在联机表格中设置参数。

4）单击“OK”，保存指令。

OUT[5]　1　OUT　0　t

OUT 5′　rob_ready′　State=TRUE

图 5-8　静态切换

4. 简单切换功能编程

（1）简便的切换功能。通过切换功能可将数字信号传送给外围设备。为此要使用先前相应分配给接口的输出端编号。信号设为静态，静态切换如图 5-8 所示，即它一直存在，直至赋予输出端为另一个值。

切换功能在程序中通过联机表格实现，切换联机表格如图 5-9 所示。

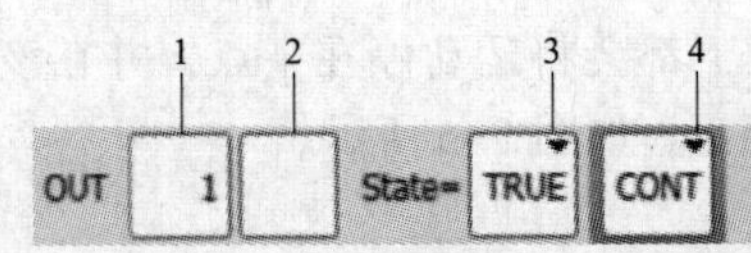

图 5-9　切换联机表格

OUT 联机表格说明见表 5-2。

表 5-2　　OUT 联机表格说明

序号	参数	说明
1	输出端编号	1~4096
2	名称	1. 如果输出端已有名称则会显示出来； 2. 仅限于专家用户组使用； 3. 通过点击长文本可输入名称，名称可以自由选择

续表

序　号	参　数	说　明
3	输出端接通的状态	1. TRUE；2. FALSE
4	是否带预进	CONT：在预进过程中的编辑； ［空白］：含预进停止的处理

（2）脉冲切换功能。与简单的切换功能一样，在此输出端的数值也变化。在脉冲时，脉冲切换如图5-10所示，定义的时间过去之后，信号又重新取消。

编程同样使用联机表格，脉冲切换联机表格如图5-11所示，在该联机表格中给脉冲设置了一定的时间长度。

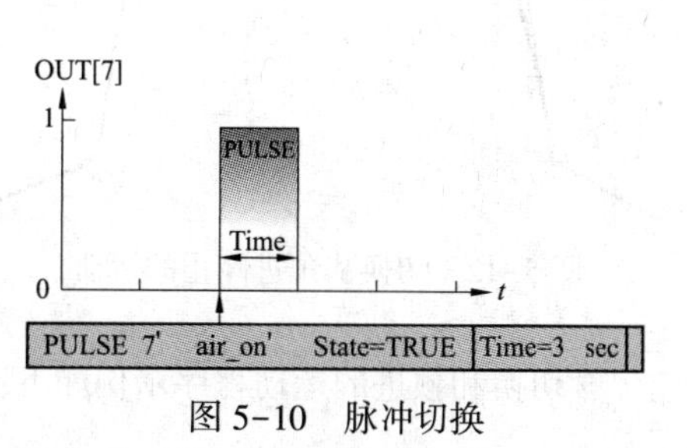

图5-10　脉冲切换

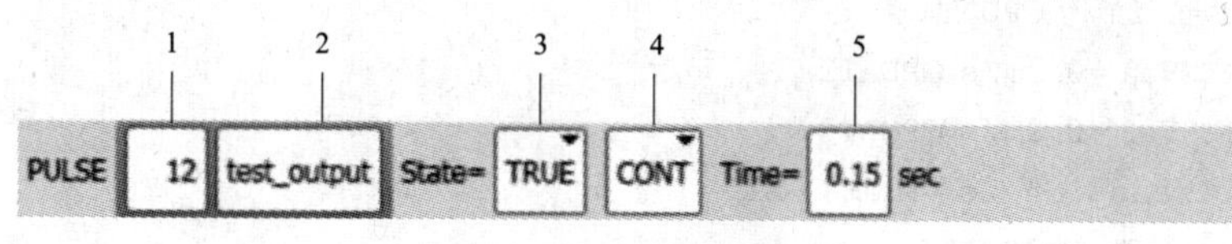

图5-11　脉冲切换联机表格

脉冲切换联机表格说明见表5-3。

表5-3　脉冲切换联机表格说明

序号	参数	说明
1	输出端编号	1~4096
2	名称	1. 如果输出端已有名称则会显示出来； 2. 仅限于专家用户组使用； 3. 通过点击长文本可输入名称，名称可以自由选择
3	输出端接通的状态	1. TRUE；2. FALSE
4	是否带预进	CONT：在预进中进行的编辑 ［空白］：含预进停止的处理
5	脉冲长度	0. 10~3. 00s

（3）在切换功能时CONT的影响。如果在OUT联机表格中去掉条目CONT，则在切换过程时必须执行预进停止，并接着在切换指令前于点上进行精确暂停，给输出端赋值后继续该运动。

程序示例如下：

```
LIN P1 Vel=0.2m/s CPDAT1
LIN P2 CONT Vel=0.2m/s CPDAT2
LIN P3 CONT Vel=0.2m/s CPDAT3
OUT 5   'rob_ready'   State=TRUE
LIN P4 Vel=0.2 m/s CPDAT4
```

含切换和预进停止的运动如图5-12所示。

插入条目 CONT 的作用是，预进指针不被暂停（不触发预进停止）。因此，在切换指令前运动可以轨迹逼近，含切换和预进的运动如图 5-13 所示。在预进时，发出信号。

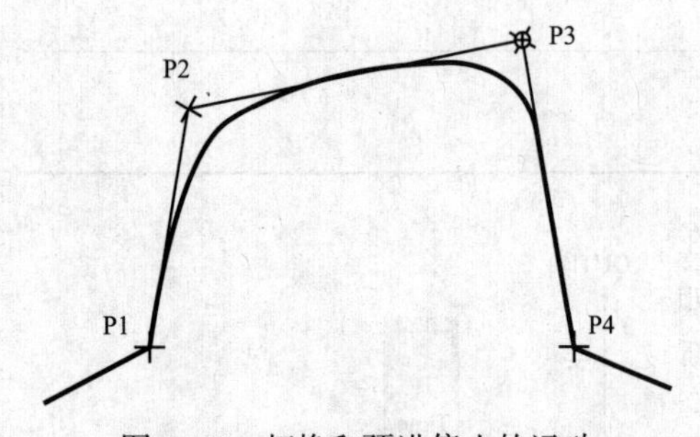

图 5-12 切换和预进停止的运动

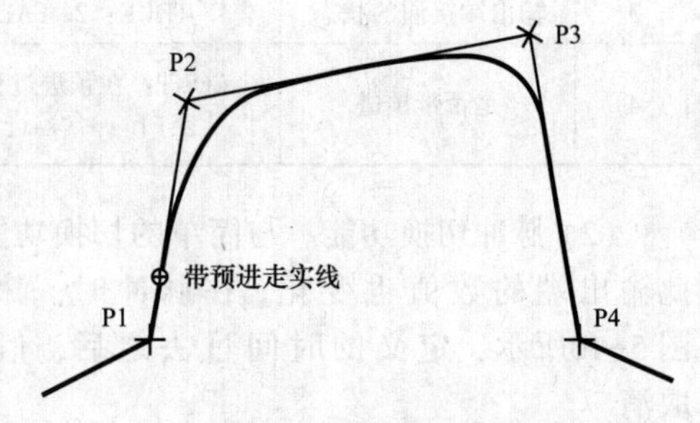

图 5-13 含切换和预进的运动

含切换和预进的运动程序示例如下：

```
LIN P1 Vel=0.2m/s CPDAT1
LIN P2 CONT Vel=0.2m/s CPDAT2
LIN P3 CONT Vel=0.2m/s CPDAT3
OUT 5 'rob_ready'State=TRUE CONT
LIN P4 Vel=0.2m/s CPDAT4
```

（4）简单切换功能编程的操作步骤。

1）将光标放到其后应插入逻辑指令的一行中。

2）选择指令→逻辑→OUT→OUT 或 PULSE。

3）在联机表格中设置参数。

4）单击“OK”，存储指令。

二、轨迹切换功能编程

轨迹切换功能可以用来在轨迹的目标点上设置起点，而无需中断机器人运动。其中，切换可分为静态（SNY OUT）和动态（SYN Pulse）两种。SYN OUT 5 切换的信号与 SYN PULSE 5 切换的信号相同。只有切换的方式会发生变化。

1. 选项 START/END

可以运动语句的起始点或目标点为基准触发切换动作。切换动作的时间可推移。动作语句可以是 LIN、CIRC 或 PTP 运动。选项选择包括 START 启动、END 结束。

SNY OUT，选项 START 的联机表格如图 5-14 所示。

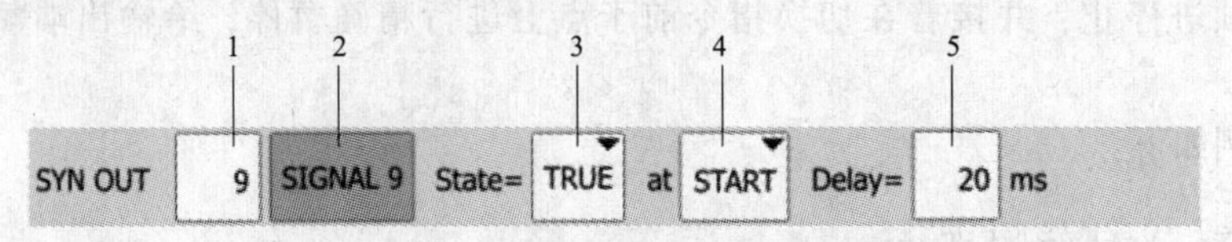

图 5-14 SNY OUT，选项 START 的联机表格

SNY OUT，选项 END 的联机表格如图 5-15 所示。

SYN OUT，选项 PATH 的联机表格如图 5-16 所示。

SNY OUT 的联机表格说明见表 5-4。

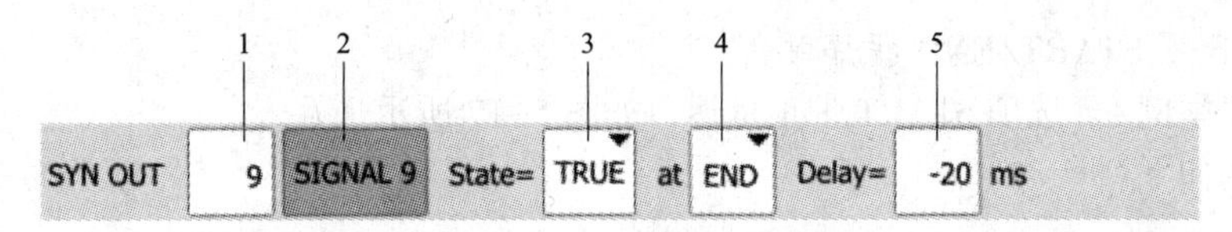

图 5-15　SNY OUT，选项 END 的联机表格

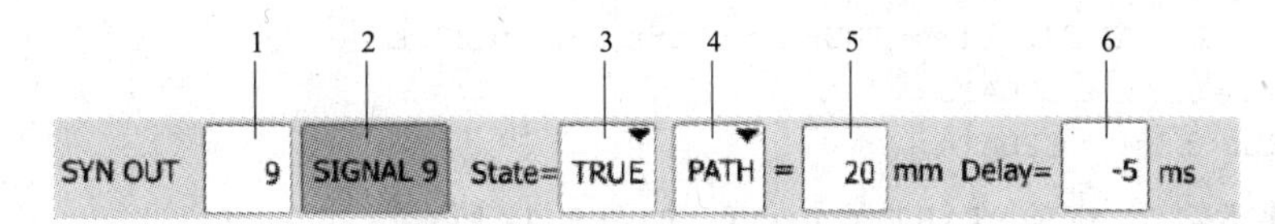

图 5-16　SYN OUT，选项 PATH 的联机表格

表 5-4　　　　SNY OUT 的联机表格说明

序　号	参　　数	说　　明
1	数值范围	1~4096
2	名称	1. 如果输出端已有名称则会显示出来； 2. 仅限于专家用户组使用； 3. 通过点击长文本可输入名称，名称可以自由选择
3	输出端接通的状态	1. TRUE；2. FALSE
4	切换位置点	START（起始）：以动作语句的起始点； END（终止）：以动作语句的目标点为基准切换
5	切换动作的 时间推移	-1000~+1000ms 提示：此时间数值为绝对值，视机器人的速度，切换点的位置将随之变化

2. 选项 PATH

用选项 PATH 可相对于运动语句的目标点触发切换动作。切换动作的位置和/或时间均可推移。动作语句可以是 LIN 或 CIRC 运动。但不能是 PTP 运动。

PATH 联机表格说明见表 5-5。

表 5-5　　　　PATH 联机表格说明

序　号	参　　数	说　　明
1	数值范围	1~4096
2	名称	1. 如果输出端已有名称则会显示出来； 2. 仅限于专家用户组使用； 3. 通过点击长文本可输入名称，名称可以自由选择
3	输出端接通的状态	1. TRUE；2. FALSE
4	切换位置点	START，END； 选项：PATH，以动作语句的目标点为基准切换
5	切换动作的 方位推移	-1000~+1000ms 提示：方位数据以动作语句的目标点为基准，因此，机器人速度改变时切换点的位置不变

3. 切换选项 START/END 程序举例

（1）程序举例 1。选项 START 带正延迟，如图 5-17 所示。

程序示例如下：

```
LIN P1 VEL=0.3m/s CPDAT1
LIN P2 VEL=0.3m/s CPDAT2
SYN OUT 8 'SIGNAL 8'State= TRUE at Start Delay=20ms
LIN P3 VEL=0.3m/s CPDAT3
LIN P4 VEL=0.3m/s CPDAT4
```

（2）程序举例 2。选项 START 带 CONT，如图 5-18 所示。

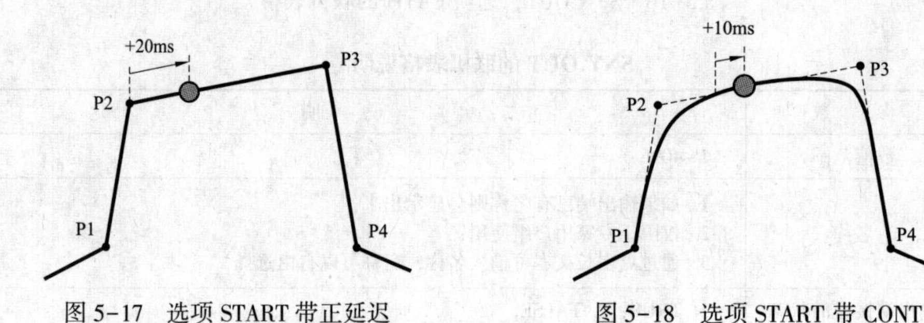

图 5-17　选项 START 带正延迟　　图 5-18　选项 START 带 CONT

程序示例如下：

```
LIN P1 VEL=0.3m/s CPDAT1
LIN P2 CONT VEL=0.3m/s CPDAT2
SYN OUT 8 'SIGNAL 8'State= TRUE at Start Delay=10ms
LIN P3 CONT VEL=0.3m/s CPDAT3
LIN P4 VEL=0.3m/s CPDAT4
```

（3）程序举例 3。选项 END 带负延迟，如图 5-19 所示。

程序示例如下：

```
LIN P1 VEL=0.3m/s CPDAT1
LIN P2 VEL=0.3m/s CPDAT2
SYN OUT 9 'SIGNAL 9'Status= TRUE at End Delay=-20ms
LIN P3 VEL=0.3m/s CPDAT3
LIN P4 VEL=0.3m/s CPDAT4
```

（4）程序举例 4。选项 END 带 CONT 和负延迟，如图 5-20 所示。

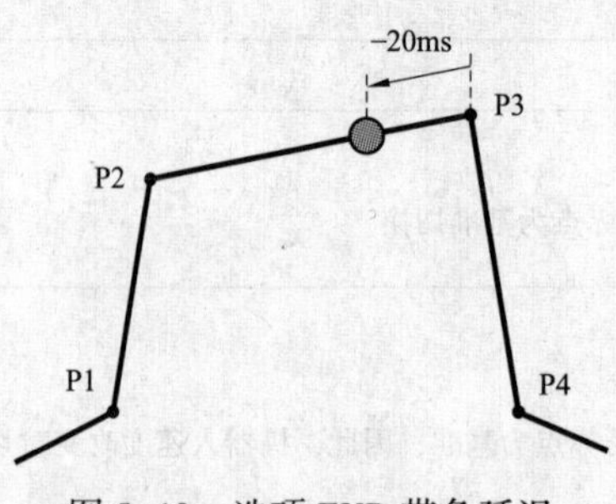

图 5-19　选项 END 带负延迟

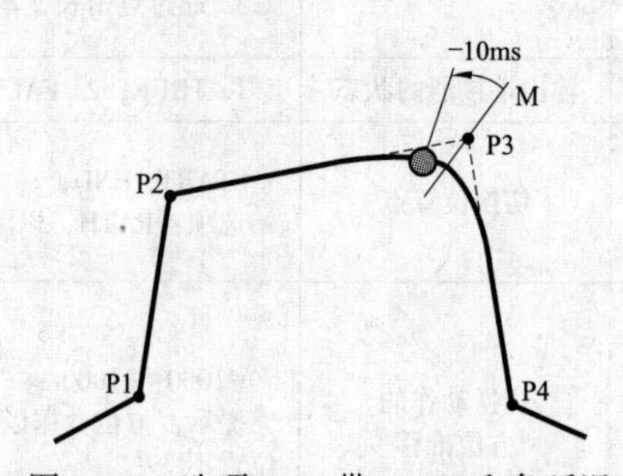

图 5-20　选项 END 带 CONT 和负延迟

程序示例如下：

```
LIN P1 VEL=0.3m/s CPDAT1
LIN P2 VEL=0.3m/s CPDAT2
SYN OUT 9 'SIGNAL 9'Status= TRUE at End Delay=-10ms
LIN P3 VEL=0.3m/s CPDAT3
LIN P4 VEL=0.3m/s CPDAT4
```

（5）程序举例 5。选项 END 带 CONT 和正延迟，如图 5-21所示。

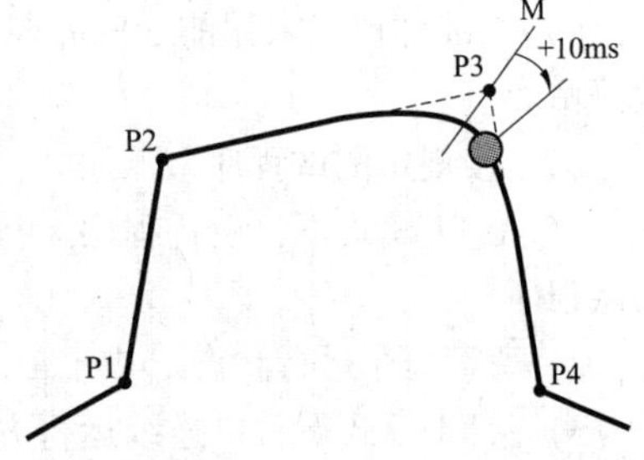

图 5-21　选项 END 带 CONT 和正延迟

程序示例如下：

```
LIN P1 VEL=0.3m/s CPDAT1
LIN P2 VEL=0.3m/s CPDAT2
SYN OUT 9 ' SIGNAL 9 ' Status = TRUE at
End Delay=10ms
LIN P3 VEL=0.3m/s CPDAT3
LIN P4 VEL=0.3m/s CPDAT4
```

4. 轨迹切换功能编程的操作

轨迹切换功能编程的操作步骤如下。

（1）将光标放到其后应插入逻辑指令的一行上。

（2）选择指令→逻辑→OUT→SYN OUT 或 SYN PULSE。

（3）在联机表格中设置参数。

（4）单击“OK”，保存指令。

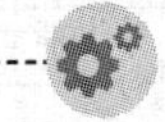

技能训练

一、训练目标

（1）学会编制逻辑控制程序。

（2）学会编制轨迹切换功能程序。

二、训练内容和步骤

（1）创建 PROG5 程序模块。机器人运动轨迹如图 5-22 所示。

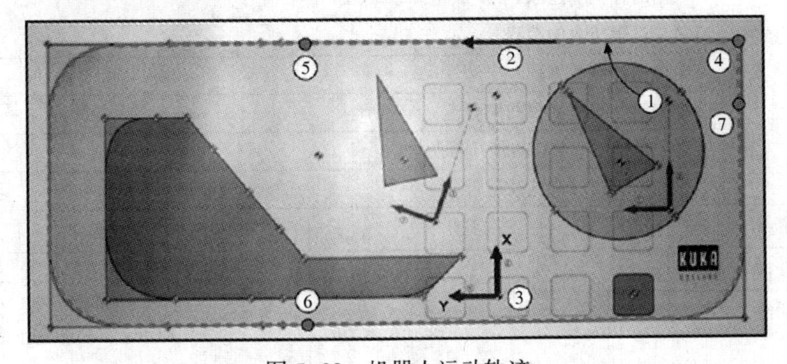

图 5-22　机器人运动轨迹

程序要求如下。

1）回 HOME。

2）在离开 HOME 位置前，应从 PLC 中发出开通信号（输入端 11）。

3）在粘胶喷嘴到达部件前 0.5s 时，必须激活粘胶喷嘴（输出端 13）。

4）从平面过渡到部件拱面上时，应接通信号指示灯，该指示灯在从拱面过渡到平面上时，重新熄灭（输出端 12）。

5）离开部件前 0.75s 时，必须重新关闭粘胶喷嘴（输出端 13）。

6）在部件加工末端前 50mm 时，PLC 应收到完成信息。发给 PLC 的该信号（输出端 11），应停留 2s。

（2）按规定测试程序。

1）在 T1 模式下，设置程序运行方式为 MSTEP 程序步进方式，以不同的程序速度（POV）测试程序。

2）观察程序运行状态。

3）在 T1 模式下，以连续运行方式，以不同的程序速度（POV）测试程序，观察程序运行状态。

技能综合训练

一、矩形图形现场编程任务书

<table>
<tr><td>姓名</td><td></td><td>项目名称</td><td colspan="2">矩形图形现场编程</td></tr>
<tr><td>指导教师</td><td></td><td>同组人员</td><td colspan="2"></td></tr>
<tr><td>计划用时</td><td></td><td>实施地点</td><td colspan="2"></td></tr>
<tr><td>时间</td><td></td><td>备注</td><td colspan="2"></td></tr>
<tr><td colspan="5">任务内容</td></tr>
<tr><td colspan="5">1. 掌握机器人数据的存档与还原的操作方法。
2. 学会查看运行日志，了解机器人的运动状态。
3. 掌握简单逻辑指令的编程。
4. 执行简单的切换函数。
5. 执行以轨迹为参照的切换函数。
6. 掌握相关信号等待函数的编程。
7. 掌握通过 I/O 控制夹爪工具工作的方法。</td></tr>
<tr><td rowspan="6">考核内容</td><td colspan="4">数据的存档与还原</td></tr>
<tr><td colspan="4">简单逻辑指令的编程</td></tr>
<tr><td colspan="4">简单切换函数编程</td></tr>
<tr><td colspan="4">相关信号等待函数的编程</td></tr>
<tr><td colspan="4">I/O 控制夹爪工具的张开与夹紧</td></tr>
<tr><td colspan="4">程序的编写、调试及运行</td></tr>
<tr><td>资料</td><td colspan="2">工具</td><td colspan="2">设备</td></tr>
<tr><td>教材</td><td colspan="2"></td><td colspan="2" rowspan="4">KUKA 多功能工作站</td></tr>
<tr><td>课件</td><td colspan="2"></td></tr>
<tr><td></td><td colspan="2"></td></tr>
<tr><td></td><td colspan="2"></td></tr>
</table>

二、矩形图形现场编程任务完成报告表

姓名		任务名称	矩形图形现场编程
班级		同组人员	
完成日期		分工任务	

（一）填空题

1. 为了实现与机器人控制系统的外围设备进行通信，可以使用_________和_________输入端和输出端。

2. 输入端是指通过_________到达_________的信号。

3. 输出端是指通过_________从_________发送至_________的信号。

4. 对 KUKA 机器人编程时，使用的是表示逻辑指令的输入端和输出端信号，常用的逻辑指令为_________、_________、_________。

5. 运动程序中的等待功能可以很简单地通过联机表单进行编程，在这种情况下，等待功能被区分为与_________有关的等待功能和与_________有关的等待功能。

6. WAIT FOR 设定一个与信号有关的等待功能。需要时可将_________信号按逻辑连接。如果添加了一个逻辑连接，则联机表单中会出现用于附加信号和其他逻辑连接的栏，指出联机表单中各部分的含义。1. _________，2. _________，3. _________，4. _________，5. _________，6. _________。

7. 一个具有逻辑运算符的功能始终以一个逻辑值为结果，即最后始终给出_________或_________。

（二）判断题

1. 用 WAIT 可以使机器人的运动按编程设定的时间暂停。WAIT 总是触发一次预进停止。（　　）

2. 与信号有关的等待功能在有预进或没有预进的处理下都可以进行编程设定。没有预进，在任何情况下都会将运动停在某点，并在该处检测信号。（　　）

3. 有预进编程设定的与信号有关的等待功能允许在指令行前创建的点进行轨迹逼近。且预进指针的当前位置唯一。（　　）

4. 适应脉冲指令时，定义的时间过去后，信号又重新取消。（　　）

（三）简答题

1. 请问下列图形中，标号①代表什么含义？

```
SPTP P10 Vel=100% PDAT1 Tool[1] Base[1]
SPTP P20 Vel=100% PDAT2 Tool[1] Base[1]
WAIT Time=0.5 sec
SPTP P30 Vel=100% PDAT3 Tool[1] Base[1]
```

续表

2. 等待函数指令有预进和没有预进 CONT 有什么区别？

3. 逻辑 OUT、PULSE 指令控制夹爪信号时，添加预进或不添加预进有什么区别？

4. “juxiang”程序开头为什么要对夹爪张开信号和夹爪关闭信号设置为假？

（四）实操题

请按要求完成以下操作任务。

1. 通过示教器查看控制夹爪张开与闭合的控制信号。

2. 创建工具和工件坐标。

3. 编写矩形轨迹程序，并进行调试运行。

4. 机器人数据的存档。

项目六 KUKA机器人编程

学习目标

（1）学会结构化编程。
（2）学会使用变量。
（3）学会编辑函数和子程序。
（4）学会使用系统变量。
（5）学会编制流程控制程序。
（6）学会使用切换函数。

任务9 学习结构化编程

基础知识

一、结构化编程基础

KUKA机器人编程语言KRL（KUKA Robot Language）是KUKA机器人公司自主开发的针对用户的编程语言平台。KUKA公司提供了较为开放的编程环境，能通过底层语言平台，如C、C++语言等逻辑语句进行结构化编程，解决一些复杂的工艺操作时的机器人运动编程。

所谓结构化编程，就是将一些复杂的工艺操作任务分解为多个简单的任务，以清晰便捷的方法解决简单任务，单独开发各个组成部分，降低编程的总耗时，使相同性能的组成部分得以更换，提高维护、修改和扩展程序的效率。

结构化编程对机器人程序的基本要求是，高效、无误、易懂、清晰明了、维护简便、具有良好的经济效益。

1. 注释

注释只是编程语言中的补充、说明部分，但却是创建结构化机器人程序的重要辅助工具。所有编程语言都由计算机指令（代码）和对文本编辑器的提示（注释）组成。程序运行时，会忽略注释，直接运行程序指令，因此注释不会影响运行结果。

在KUKA控制器中使用行注释，即注释在行尾，注释使程序的可读性提高。

程序员可通过注释在程序中添加说明、解释，而控制器不会将其理解为语句。程序员负责使注释内容与编程指令的当前状态一致。因此在更改程序时还必须检查注释，并在必要时加以调整。

注释的内容以及其用途可由编辑人员任意选择，没有严格的句法规定。

（1）关于源程序的信息。示例程序如下：

```
DEF PICK_CUBE()
;该程序将方块从库中取出
;作者: Max Mustermann
;创建日期:2011.08.09
INI
...
END
```

作者可在源程序开头处写上引言，包括作者说明、授权、创建日期、出现疑问时的联系地址以及所需其他文件的列表。

(2) 源程序的分段。示例程序如下：

```
DEF PALLETIZE()
;*****************************************************
;*该程序将 16 个方块堆垛在工作台上*
*作者: Max Mustermann---------------------------------*
;
;*创建日期: 2011.08.09------------------------*
;*****************************************************

INI
...
;------------位置的计算 ----------------
...
;------------16 个方块的堆垛 ---------------
...
;------------16 个方块的卸垛 ---------------
...
END
```

(3) 对单行程序的工作原理或含义进行说明。示例程序如下：

```
DEF PICK_CUBE()
INI
PTP HOME Vel=100% DEFAULT
PTP Pre_Pos;驶至抓取预备位置
LIN Grip_Pos;驶至方块抓取位置
...
END
```

(4) 对需执行的工作的说明。注释可以标记不完整的代码段，或者标记完全没有代码段的通配符。示例程序如下：

```
DEF PICK_CUBE()
INI
;此处还必须插入货盘位置的计算!
PTP HOME Vel=100% DEFAULT
PTP Pre_Pos;驶至抓取预备位置
```

```
LIN Grip_Pos;驶至方块抓取位置
;此处尚缺少抓爪的关闭
END
```

（5）不使用的代码变为注释。示例程序如下：

```
DEF Palletize()
INI
PICK_CUBE()
;CUBE_TO_TABLE()
CUBE_TO_MAGAZINE()
END
```

2. FOLD 命令

FOLD 为隐藏、折叠的意思，在编程过程中，FOLD 命令可将程序段中的不变部分或注释行隐藏，以改善程序的可读性，但又不影响整个程序的运行。

（1）Fold 通常在创建后首先显示成关闭状态。示例程序如下：

```
DEF Main()
...
INI       ;KUKA FOLD 关闭
SET_EA  ;由用户建立的 FOLD 关闭
PTP HOME Vel=100%  DEFAULT;KUKA FOLD 关闭
PTP P1 CONT Vel=100%  TOOL[2]:Gripper BASE[2]:Table
...
PTP HOME Vel=100%  Default
END
```

（2）FOLD 打开。FOLD 打开的示例程序如下：

```
DEF Main()
...
INI       ;KUKA FOLD 关闭
SET_EA  ;由用户建立的 FOLD 打开
$OUT[12]=TRUE
$OUT[102]=FALSE
PART=0
Position=0
PTP HOME Vel=100%  DEFAULT; KUKA FOLD 关闭
PTP P1 CONT Vel=100%  TOOL[2]:Gripper BASE[2]:Table
...
PTP HOME Vel=100%  Default
END
```

3. 子程序

在编程过程中，可以将需要多次重复使用的可独立的程序段设计为子程序。

子程序主要用于实现相同任务部分的多次使用，从而避免程序代码重复，并节省存储空间。

使用子程序可使程序结构化。通过子程序，将大的程序分解为多个可以重复独立使用子程序，使程序结构、层次明晰，便于编辑。子程序应该能够完成包含在自身内部并可解释、详明的分步任务。子程序主要是通过其简洁明了、条理清晰的特点，从而使得程序维护和排除程序错误更为方便。子程序可以在不同位置多次调用。

子程序应用示例如下：

```
DEF MAIN()

INI

LOOP

  GET_PEN()
  PAINT_PATH()
  PEN_BACK()
  GET_PLATE()
  GLUE_PLATE()
  PLATE_BACK()

IF $IN[1] THEN
  EXIT
ENDIF
ENDLOOP
```

程序中，MAIN是主程序，INI是初始化程序，LOOP是主循环程序，在主循环中调用的带括号的都是子程序，调用的子程序执行完，是一个IF判断，当输入IN［1］，为1时，就退出。

4. 指令行缩进

为了增加程序可读性，使用指令行缩进，便于说明程序模块之间的关系。建议在程序文本中，采用缩进嵌套的指令列，一行紧挨一行地写入嵌套深度相同的指令。

```
DEF INSERT()
INT PART,COUNTER
INI
PTP HOME Vel=100%  DEFAULT
LOOP
  FOR COUNTER=1 TO 20
    PART=PART+1
    ;联机表格无法缩进!!!
PTP P1 CONT Vel=100%  TOOL[2]:Gripper BASE[2]:Table
    PTP XP5
  ENDFOR
...
ENDLOOP
```

二、创建结构化程序

1. 程序流程图

程序流程图描述程序的结构，又称程序框图，它是用统一规定的标准符号描述程序运行具体步骤的图形表示。程序流程图的设计是在处理流程图的基础上，通过对输入、输出数据和处理过程的详细分析，将计算机的主要运行步骤和内容标识出来。程序流程图是进行程序设计的最基本依据，因此它的质量直接关系到程序设计的质量。

程序流程图有以下优点。

（1）采用简单规范的符号，画法简单。

（2）结构清晰，逻辑性强。

（3）便于描述，容易理解。

（4）使程序流程更加易读。

（5）用于程序流程结构化的工具。

（6）结构错误更加易于识别。

2. 程序流程图图标

（1）程序或过程开始、结束一般采用带圆角的矩形表示，如图 6-1 所示。

（2）指令与运算连接采用带箭头的直线表示，可横向直线箭头描述、也可垂直箭头描述，如图 6-2 所示。

图 6-1　程序或过程开始、结束　　图 6-2　运算连接

（3）一般指令处理采用矩形表示，可以单行描述，也可多行表示，如图 6-3 所示。

（4）if 判断分支采用菱形图标表示，有两个出口，分别为判断为真出口与判断为假出口，如图 6-4 所示。

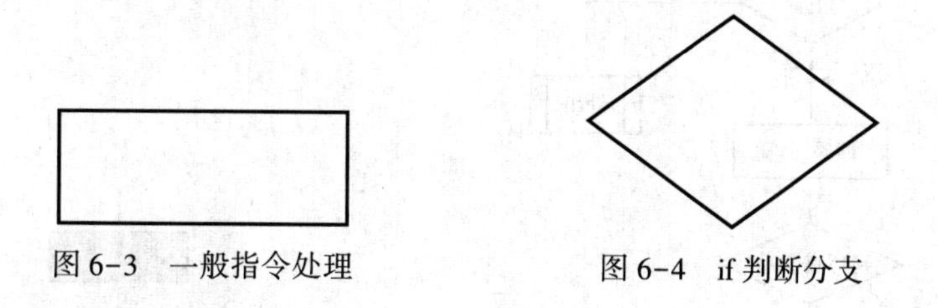

图 6-3　一般指令处理　　图 6-4　if 判断分支

（5）子程序调用图标如图 6-5 所示。

（6）输入输出指令采用平行四边形表示，如图 6-6 所示。

图 6-5　子程序调用　　图 6-6　输入输出

3. 程序流程图

程序流程图示例如图 6-7 所示。

4. 创建程序流程图操作

创建 KUKA 机器人控制程序流程图的操作步骤如下。

(1) 在 1~2 页纸上将整个控制流程大致地划分。

(2) 将总任务划分成小的分步任务。

(3) 大致划分分步任务。

(4) 细分分步任务。

(5) 转换成 KRL 程序码。

5. 程序流程控制

除了纯运动指令和通信指令（切换和等待功能）之外，在机器人程序中还有大量用于控制程序流程的程序。其中包括循环、选择分支等。

(1) 循环。循环是控制结构。它不断重复执行指令块指令，直至出现终止条件。循环有下列类型。

1) 无限循环，无条件执行指令块指令程序。

2) 计数循环，受计数器控制的循环。

3) 当型循环，当条件满足时，执行循环体指令块程序；条件不满足时，退出循环。

4) 直到型循环，先执行循环指令体程序，再判断检测条件，条件满足，退出循环，否则继续执行循环体指令块程序。

(2) 选择分支。根据选择的不同，执行不同的分支程序。

1) 条件分支，根据 if 条件判断，选择执行不同的程序段。

2) 多分支结构，根据 Switch 语句判断，执行多个不同的程序段。

(3) 无限循环。无限循环即无条件的执行指令块程序，如图 6-8 所示。但可通过一个提前出现的中断（含 EXIT 功能）退出循环语句。

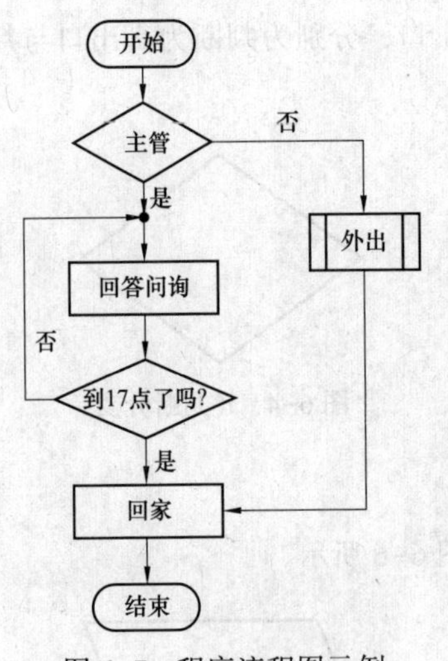

图 6-7 程序流程图示例

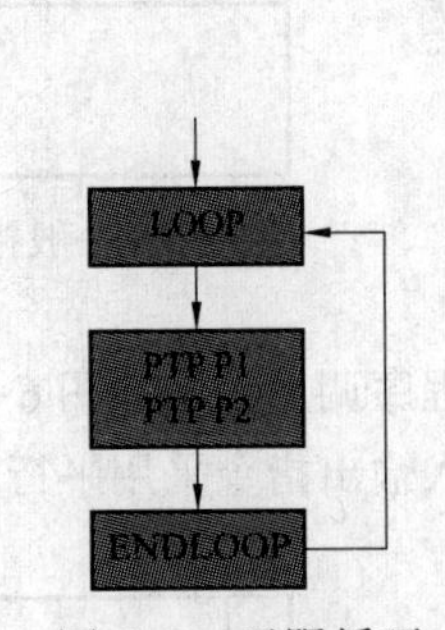

图 6-8 无限循环

1) 无 EXIT 的 LOOP 循环。LOOP 循环，在无 EXIT 时，永久执行对 P1 和 P2 的运动指令，示例程序如下：

```
LOOP
    PTP P1 Vel=100% PDAT1
  PTP P2 Vel=100% PDAT2
ENDLOOP
```

2）带 EXIT 的 LOOP 循环。带 EXIT 的 LOOP 循环，一直执行对 P1 和 P2 的运动指令，直到输入端 30 切换到 TRUE，示例程序如下：

```
LOOP
  PTP P1 Vel=100% PDAT1
  PTP P2 Vel=100% PDAT2
  IF $IN[30]==TRUE THEN
    EXIT
    ENDIF
ENDLOOP
```

（4）计数循环。用计数变量控制循环执行的次数。用 FOR 循环语句可使指令重复定义的次数，循环的次数受一个计数变量控制，计数循环如图 6-9 所示。

该计数循环将输出端 1~5 依次切换到 TRUE。用整数（Integer）变量“i”来对一个循环语句内的循环进行计数，程序示例如下：

```
INT i
...
FOR i=1 TO 5
    $OUT[i]=TRUE
ENDFOR
```

（5）当型循环。当型（WHILE）循环是一种先判断型循环，如图 6-10 所示，这种循环会在执行循环的指令部分前先判断条件是否成立。条件成立，执行循环，否则就退出循环。

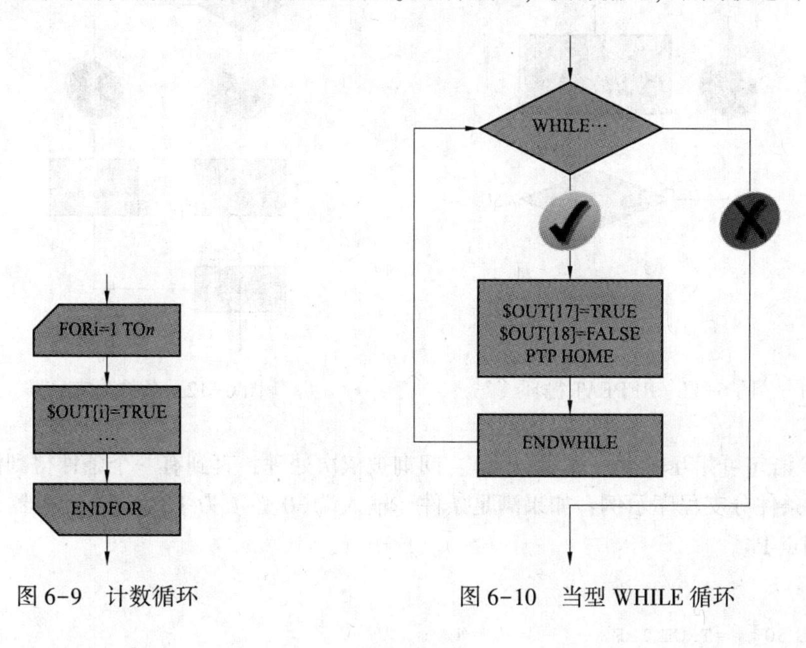

图 6-9　计数循环　　　　图 6-10　当型 WHILE 循环

WHILE 循环程序示例：

```
WHILE $IN[22]==TRUE
    $OUT[17]=TRUE
    $OUT[18]=FALSE
   PTP HOME
ENDWHILE
```

当循环条件（输入端 22 为 TRUE）满足条件时，输出端 17 被切换为 TRUE，输出端 18 被切换为 FALSE，并且机器人移入 Home 位置，否则就退出循环。

（6）直到型循环。直到型（REPEAT）循环，先执行循环指令体程序，再判断检测条件，条件满足，退出循环，否则继续执行循环体指令块程序，是一种检验循环，这种循环会在第一次执行完循环的指令部分后才会检测终止条件，如图 6-11 所示。

```
REPEAT
 $OUT[17]=TRUE
 $OUT[18]=FALSE
PTP HOME
UNTIL $IN[22]==TRUE
```

REPEAT 循环，执行输出端 17 被切换为 TRUE，输出端 18 被切换为 FALSE，并且机器人移入 Home 位置，这时才会检测条件“输入 22 为 TRUE”。

（7）条件分支。条件分支（IF 语句）如图 6-12 所示，由一个条件和两个指令部分组成。如果满足条件，则可处理第一个指令。如果未满足条件，则执行第二个指令。但是，对 IF 语句也有替代方案：第二个指令部分可以省去，无 ELSE 的 IF 语句。由此，当不满足条件时紧跟在分支后便继续执行程序。

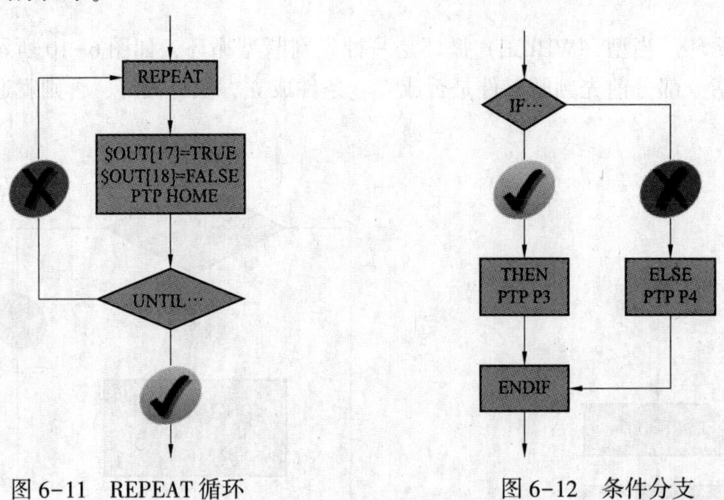

图 6-11 REPEAT 循环　　图 6-12 条件分支

多个 IF 语句可相互嵌套（多重分支）：问询被依次处理，直到有一个条件得到满足。

下面是条件分支程序示例：如果满足条件（输入端 30 必须为 TRUE），则机器人运动到点 P3，否则到点 P4。

```
...
IF $IN[30]==TRUE THEN
```

```
    PTP P3
ELSE
    PTP P4
ENDIF
```

（8）分配器。分配器通常由 SWITCH 分支语句构成。一个 SWITCH 分支语句是一个分配器或多路分支，如图 6-13 所示。此处首先分析一个表达式，然后，该表达式的值与一个案例段（CASE）的值进行比较。当检测值一致时，执行相应案例的指令。

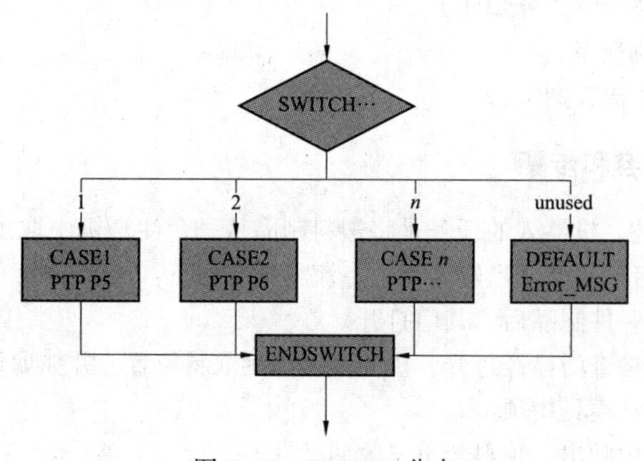

图 6-13　SWITCH 分支

对带有名称“状态”的整数变量（Integer），首先要检查其值。如果变量的值为 1，则执行案例 1（CASE 1），机器人运动到点 P5；如果变量的值为 2，则执行案例 2（CASE 2），机器人运动到点 P6；如果变量的值未在任何案例中列出（在该例中为 1 和 2 以外的值），则将执行默认分支，显示故障信息。程序示例如下。

```
INT status
...
SWITCH status
  CASE 1
    PTP P5
  CASE 2
    PTP P6
...
DEFAULT
    ERROR_MSG
ENDSWITCH
```

（9）结构化机器人程序设计方法。机器人程序的结构是体现其使用价值的一个十分重要的因数。程序结构化越规范，程序就越易于理解、执行效果越好、越便于读取、越经济。为了使程序得到结构化设计，可以使用以下技巧。

1）将总任务划分成小的分步任务。

2）分步任务设计为模块程序。

3）细分分步任务，使用指令代码完成分步子程序设计，转换成 KRL 程序码。

4）注释和印章。

5）添加缩进和空格，美化程序。

6）通过 Fold 隐藏、折叠程序。

7）通过主程序调用子程序。

技能训练

一、训练目标

（1）学会将总任务分解成分步任务。

（2）学习细化分段程序。

（3）学会创建程序流程图。

二、技能训练内容和步骤

（1）训练任务描述。机器人的任务是将塑料制品从一台注塑机中取出。制品用真空吸盘吸住，再堆放到注塑机旁的一台间歇输送机上。流程描述如下：

1）注塑机完成了一件制品后，其门打开。

2）门限位开关的检查门已经打开，机器人运行到取料位置，并抓取构件。

3）顶料器将构件从模具中顶出。

4）机器人从机器中驶出，顶料器重又收回。

5）一旦机器人安全地驶离注塑机器，便可关上门，生产一个新的部件。

6）完成的构件，被放到间歇运输机上的空闲的位置处。

7）间歇运输机一直运行，到又有堆放位置空出来为止。

（2）根据训练要求画出机器人控制流程图。

1）将任务划分为合理的程序模块。

2）再次细化分段。

3）创建控制程序流程图。

任务 10　使用变量编程

基础知识

一、使用专家界面

专家界面下，机器人编程人员属专家用户组，可以进行程序的编写、修改与检查，不具备插件集成机器人能力，但有密码保护。

1. 专家界面

机器人控制器可向不同的用户组提供不同的功能。可以选择以下几个用户组。

（1）操作人员，操作人员用户组为默认的用户组。

（2）应用人员，应用人员用户组，在默认设置中操作人员和应用人员的目标群是一样的。

（3）专家，编程人员用户组，有密码保护。

（4）管理员，功能与专家用户组一样。另外可以将插件（Plug-Ins）集成到机器人控制，该用户组有密码保护。

(5) 安全维护人员，该用户组可以激活和配置机器人的安全配置，该用户组有密码保护。

(6) 安全投入运行人员，只有当使用 KUKA. SafeOperation 或 KUKA. SafeRangeMonitoring 时，该用户组才相关，该用户组有密码保护。

2. 专家用户组的扩展功能

(1) 专家用户组具有的扩展功能。

1) 密码保护，默认值 kuka。

2) 可以借助 KRL 在编辑器中编程。

3) 模块的详细说明界面可供使用。

4) 显示/隐藏 DEF 行。

5) 展开和合拢折叠（FOLD）。

6) 在程序中显示详细说明界面。

7) 创建程序时可从预定义的模板中选择。

(2) 在下列情况下将自动退出专家用户组。当运行方式切换至 AUT（自动）或 AUT EXT（外部自动运行）时，在一定的持续时间内（300s）未对操作界面进行任何操作时。

3. 借助模板创建程序

(1) Cell 源程序，现有的 Cell 程序，只能被替换或者在删除 Cell 程序后重新创建。

(2) Expert 模块，模块由只有程序头和程序结尾的 SRC 和 DAT 文件构成。

(3) Expert Submit 文件，附加的 Submit 文件（SUB）由程序头和程序结尾构成。

(4) Function 函数功能，SRC 函数创建，在 SRC 中只创建带有 BOOL 变量的函数头，函数结尾已经存在，但必须对返回值进行编程。

(5) Modul 模块，Modul 模块由具有程序头、程序结尾以及基本框架（INI 和 2 个 PTP HOME）的 SRC 和 DAT 文件构成。

(6) Submit 文件，附加的 Submit 文件（SUB）由程序头、程序结尾以及基本框架，（DECLARATION、INI、LOOP/ENDLOOP）构成。

4. 过滤器

过滤器决定了在文件清单中如何显示程序。有以下过滤器可供选择。

(1) 详细信息，程序以 SRC 和 DAT 文件形式显示。(默认设置)

(2) 模块，程序以模块形式显示。

5. 显示/隐藏 DEF 行

(1) 默认为不显示 DEF 行。当 DEF 行显示时才能在程序中进行声明。

(2) 对于那些被打开并选中了的程序来说，DEF 行将各自独立地显示或隐藏。如果详细说明界面打开，则 DEF 行将显示出来，无需专门进行显示操作。

6. 打开/关闭 FOLD

(1) 对于应用人员，FOLD 始终关闭，但可以以专家身份打开。

(2) 专家也可以编程设立自己的 FOLD。Fold 的句法为：

```
;FOLD 名称
指令
;ENDFOLD<名称>
```

7. 激活专家界面和纠错

(1) 激活专家界面。

1) 在主菜单中选择配置→用户组。

2）点击登录，选定用户组专家，输入密码，并用登录确认。

（2）纠正程序中的错误。

1）在导航器中选择出错的模块。

2）选择菜单“错误列表”，错误显示（程序名.ERR）随即打开。

3）选定错误，在下面的错误显示中将显出详细描述。

4）在错误显示窗口中按“显示”按键，跳到出错的程序中。

5）纠正错误。

6）退出编辑器并保存。

二、变量和协定

1. KRL 中的数据保存

（1）变量。

1）使用 KRL 对机器人进行编程时，从最普通的意义上来说，变量就是在机器人运行程序过程中，会发生数值变化的量。

2）每个变量都在计算机的存储器中有一个专门指定的地址。

3）每个变量都有一个非 KUKA 关键词的名称。

4）每个变量都属于一个专门的数据类型。

5）在使用前必须声明数据类型。

6）在 KRL 中变量可划分为局部变量和全局变量。

（2）KRL 中变量的生存期。KRL 中变量的生存期是指变量预留存储空间的时间段，运行时间变量在退出程序或者函数时重新释放存储位置。数据列表中的变量，持续获得存储位置中的当前值。KRL 中变量的有效性如下。

1）声明为局部的变量只能在本程序中可用、可见。

2）全局变量则在全局数据列表中创建。

3）全局变量也可以在局部数据中创建，并在声明时配上关键词 global（全局）。

（3）使用 KRL 变量命名规范。

1）KRL 中的名称长度最多允许 24 个字符。

2）KRL 中的名称允许包含字母（A~Z）、数字（0~9）以及特殊字符“_”和“$”。

3）KRL 中的名称不允许以数字开头。

4）KRL 中的名称不允许为关键词。

5）不区分大小写。

2. KRL 的数据类型

数据类型是对某一集合中对象的统称。

（1）预定义的标准数据类型。预定义的标准数据类型见表 6-1。

表 6-1　　预定义的标准数据类型

简单的数据类型	整数	实数	布尔数	单个字符
关键词	INT	REAL	BOOL	CHAR
数值范围	-2^{11}~（2^{11}-1）	±1.1e^{-38}~±3.4 e^{38}	TRUE/ FALSE	ASCII 字符集
示例	-99 或 86	-0.00012 或 3.14	TRUE 或 FALSE	“B”或“6”

（2）数组/Array。

```
Voltage[10]=12.76
Voltage[11]=15.34
```

1）借助下标保存相同数据类型的多个变量。
2）初始化或者更改数值均借助下标进行。
3）最大数组的大小取决于数据类型所需的存储空间大小。
（3）枚举数据类型。

```
color=#red
```

1）枚举类型的所有值在创建时会用名称（明文）进行定义。
2）系统也会规定顺序。
3）元素的最大数量取决于存储位置的大小。
（4）复合数据类型/结构。

```
Date={day 14,month 12,year 1996}
```

1）由不同数据类型的数据项组成的复合数据类型。
2）这些数据项可以由简单的数据类型组成，也可以由结构组成。
3）各个数据项均可以存取。

3. 变量生存周期

（1）在 SCR 文件中创建的变量被称为运行时间变量。
1）不能被一直显示。
2）仅在声明的程序段中有效。
3）在到达程序的最后一行（END 行）时重新释放存储位置。
（2）局部 DAT 文件中的变量。
1）在相关 SRC 文件的程序运行时可以一直被显示。
2）在完整的 SCR 文件中可用，因此在局部的子程序中也可用。
3）也可创建为全局变量。
4）获得 DAT 文件中的当前值，重新调用时以所保存的值开始。
（3）系统文件 $CONFIG. DAT 中的变量。
1）在所有程序中都可用（全局）。
2）即使没有程序在运行，也始终可以被显示。
3）获得 $CONFIG. DAT 文件中的当前值。
（4）变量的双重声明。

1）双重声明始终出现在使用相同的字符串（名称）时，如果在不同的 SRC 或 DAT 文件中使用相同的名称，则不属于双重声明。

2）在同一个 SCR 和 DAT 文件中进行双重声明是不允许的，并且会生成错误信息。

3）在 SRC 或 DAT 文件及 $CONFIG. DAT 中允许双重声明。

a. 运行已定义好变量的程序时，只会更改局部值，而不会更改 $CONFIG. DAT 中的值

b. 运行“外部”程序时只会调用和修改 $CONFIG. DAT 中的值

（5）KUKA 系统数据。KUKA 系统数据类型有枚举数据类型，如：运行方式（mode_ op），结构，日期/时间（date）。系统信息可从 KUKA 系统变量中获得。

1）读取当前的系统信息。

2）更改当前的系统配置。

3）已经预定义好并以“＄”字符开始，＄DATE（当前时间和日期），＄POS_ ACT（当前机器人位置）。

4. 变量声明

（1）建立变量。在使用前必须总是先进行声明，每一个变量均划归一种数据类型，命名时要遵守命名规范，声明的关键词为 DECL，对 4 种简单数据类型关键词 DECL 可省略，用预进指针赋值，变量声明可以不同形式进行，从中得出相应变量的生存期和有效性。

1）在 SRC 文件中声明。

2）在局部 DAT 文件中声明。

3）在 ＄CONFIG. DAT 中声明。

4）在局部 DAT 文件中配上关键词“全局”声明。

（2）创建常量。

1）常量用关键词 CONST 建立。

2）常量只允许在数据列表中建立。

（3）SRC 文件中的程序结构。

1）在声明部分必须声明变量。

2）初始化部分从第一个赋值开始，但通常都是从“INI”行开始。

3）在指令部分会赋值或更改值。示例程序如下：

```
DEF main( )
;声明部分
...
;初始化部分
INI
...
; ????
PTP HOME Vel=100%  DEFAULT
...
END
```

（4）更改标准界面。

1）只有作为专家才能使 DEF 行显示。

2）为了在模块时于“INI”行前进入声明部分，这是必要的。

3）在将变量传递到子程序中时能够看到 DEF 和 END 行也非常重要。

5. 计划变量声明

（1）规定生存期。

1）SCR 文件：程序运行结束时，运行时间变量“死亡”。

2）DAT 文件：在程序运行结束后变量还保持着。

（2）规定有效性/可用性。

1）在局部 SRC 文件中：仅在程序中被声明的地方可用。因此变量仅在局部 DEF 和 END 行之间可用（主程序或局部子程序）。

2）在局部 DAT 文件中：在整个程序中有效，即在所有的局部子程序中也有效。

3）$CONFIG. DAT：全局可用，即在所有程序中都可以读写。

4）在局部 DAT 文件中作为全局变量：全局可用，只要为 DAT 文件指定，关键词 PUBLIC 并在声明时再另外指定关键词 GOLBAL ，就在所有程序中都可以读写。

（3）规定数据类型。

1）BOOL：经典式“是/否”结果。

2）REAL：为了避免四舍五入出错的运算结果。

3）INT：用于计数循环或件数计数器的经典计数变量。

4）CHAR：仅一个字符，字符串或文本只能作为 CHAR 数组来实现。

（4）命名和声明。

1）使用 DECL，以使程序便于阅读。

2）使用可让人一目了然的合理变量名称。

3）请勿使用晦涩难懂的名称或缩写。

4）使用合理的名称长度，即不要每次都使用 24 个字符。

6. 在声明具有简单数据类型变量时的操作

（1）在 SCR 文件中创建变量。

1）专家用户组。

2）使 DEF 行显示出来。

3）在编辑器中打开 SCR 文件。

4）声明变量，示例程序如下：

```
DEF MY_PROG ( )
DECL INT counter
DECL REAL price
DECL BOOL error
DECL CHAR symbol
INI
...
END
```

5）关闭并保存程序。

（2）在 DAT 文件中创建变量。

1）专家用户组。

2）在编辑器中打开 DAT 文件。

3）声明变量，示例程序如下：

```
DEFDAT MY_PROG
EXTERNAL DECLARATIONS
DECL INT counter
DECL REAL price
DECL BOOL error
DECL CHAR symbol
...
ENDDAT
```

4）关闭并保存数据列表。

(3) 在 $CONFIG. DAT 中创建变量。

1) 专家用户组。

2) 在编辑器中打开 SYSTEM (系统) 文件夹中的 $CONFIG. DAT。

```
DEFDAT $CONFIG
BASISTECH GLOBALS
AUTOEXT GLOBALS
USER GLOBALS
ENDDAT
```

3) 选择 Fold "USER GLOBALS", 然后用软键 " 打开/关闭 Fold" 将其打开。

4) 声明变量, 示例程序如下:

```
DEFDAT $CONFIG()
...
;==================================
;用户自定义类型
;==================================
;==================================
;外部用户自定义
;==================================
;==================================
;用户自定义变量
;
DECL INT counter
DECL REAL price
DECL BOOL error
DECL CHAR symbol
...
ENDDAT
```

5) 关闭并保存数据列表。

(4) 在 DAT 文件中创建全局变量。

1) 专家用户组。

2) 在编辑器中打开 DAT 文件。

3) 通过关键词 PULIC 扩展程序头中的数据列表。

4) DEFDAT MY_ PROG PUBLIC。

5) 声明变量, 示例程序如下:

```
DEFDAT MY_PROG PUBLIC
EXTERNAL DECLARATIONS
DECL GLOBAL INT counter
DECL GLOBAL REAL price
DECL GLOBAL BOOL error
DECL GLOBAL CHAR symbol
...
ENDDAT
```

6）关闭并保存数据列表。

7. 简单数据类型变量的初始化

（1）KRL 初始化说明。

1）每次声明后变量都只预留了一个存储位置，值总是无效值。

2）在 SRC 文件中声明和初始化始终在两个独立的行中进行。

3）在 DAT 文件中声明和初始化始终在一行中进行。

4）常量必须在声明时立即初始化。

5）初始化部分以第一次赋值开始。

（2）初始化的方法。

1）初始化为十进制数。

```
value=58
```

2）初始化为二进制数。

```
value='B111010'
```

3）初始化为十六进制数。

```
value='H4B'
```

（3）在 SRC 文件中声明和初始化。

1）在编辑器中打开 SCR 文件。

2）已声明完毕。

3）执行初始化，示例程序如下：

```
DEF MY_PROG( )
DECL INT counter
DECL REAL price
DECL BOOL error
DECL CHAR symbol
INI
counter=10
price=0.0
error=FALSE
symbol="X"
...
END
```

4）关闭并保存程序。

（4）在 DAT 文件中声明和初始化。

1）在编辑器中打开 DAT 文件。

2）已声明完毕。

3）执行初始化，示例程序如下：

```
DEFDAT MY_PROG
EXTERNAL DECLARATIONS
DECL INT counter=10
```

```
DECL REAL price=0.0
DECL BOOL error=FALSE
DECL CHAR symbol="X"
...
ENDDAT
```

4）关闭并保存数据列表。

（5）在 DAT 文件中声明和在 SRC 文件中初始化。

1）在编辑器中打开 DAT 文件。

2）进行声明。

```
DEFDAT MY_PROG
EXTERNAL DECLARATIONS
DECL INT counter
DECL REAL price
DECL BOOL error
DECL CHAR symbol
...
ENDDAT
```

3）关闭并保存数据列表。

4）在编辑器中打开 SCR 文件。

5）执行初始化，示例程序如下：

```
DEF MY_PROG ( )
...
INI
counter=10
price=0.0
error=FALSE
symbol="X"
...
END
```

6）关闭并保存程序。

（6）常量的声明和初始化。

1）在编辑器中打开 DAT 文件。

2）进行声明和初始化，示例程序如下：

```
DEFDAT MY_PROG
EXTERNAL DECLARATIONS
DECL CONST INT max_size=99
DECL CONST REAL PI=3.1415
...
ENDDAT
```

3）关闭并保存数据列表。

8. 用 KRL 对简单数据类型的变量值进行编程

（1）用 KRL 修改变量值。根据具体任务，可以以不同方式在程序进程（SRC 文件）中改变变量值，可借助于位运算和标准函数进行。

1）基本运算类型：+加法、-减法、*乘法、/除法。

2）比较运算：==相同/等于，<>不同，>大于<小于，>=大于等于，<=小于等于。

3）逻辑运算：NOT 取反、AND 与、OR 或、EXOR 异或。

4）位运算：（B_NOT）按位取反运算，（B_AND）按位与，（B_OR）按位或，（B_EXOR）按位异或。

（2）标准函数。标准函数包括：绝对函数、根函数、正弦和余弦函数、正切函数、反余弦函数、反正切函数、多种字符串处理函数等。

（3）数据编辑操作。

1）确定一个或多个变量的数据类型。

2）确定变量的有效性和生存期。

3）进行变量声明。

4）初始化变量。

5）在程序运行中，即始终在 SCR 文件中对变量进行操作。

6）关闭并保存 SRC 文件。

9. KRL Arrays 数组

（1）KRL 数组的说明。Arrays 数组，同类数据类型变量集合，可为具有相同数据类型并借助下标区分的多个变量提供存储位置。

1）数组的存储位置是有限的，即最大数组的大小取决于数据类型所需的存储空间大小。

2）声明时，数组大小和数据类型必须已知。

3）KRL 中的起始下标始终从 1 开始。

4）初始化始终可以逐个进行。

5）在 SRC 文件中的初始化也可以采用循环方式进行。

（2）数组维数。

1）KRL 数组支持 1 维数组、2 维数组、3 维数组。

2）KRL 数组不支持 4 维及 4 维以上的数组。

（3）数组声明。

1）在 SRC 源文件中声明。

2）在数据列表文件（$CONFIG. DAT）中声明。

（4）初始化数组。

1）在 SRC 源文件中初始化数组。

2）在数据列表文件（$CONFIG. DAT）中初始化数组。

3）借助 FOR 循环初始化数组。

（5）使用数组时的操作。

1）确定数组的数据类型。

2）确定数组的有效性和生存期。

3）进行数组声明。

4）初始化数组元素。

5）在程序运行中，即始终在 SCR 文件中对数组进行操作。

6）关闭并保存 SRC 文件。

10. KRL 结构

用数组可将同种数据类型的变量汇总。但在现实中，大多数变量是由不同数据类型构成的。KRL 结构就是一种复合型数据类型，由多种数据类型数据组成。用关键词 STRUC 可自行定义一个结构，结构是不同数据类型的组合，示例程序如下：

```
STRUC CAR_TYPE INT motor,REAL price,BOOL air_condition
```

一种结构必须首先经过定义，然后才能继续使用。

（1）结构的定义。

1）在结构中可使用简单的数据类型 INT、REAL、BOOL 及 CHAR。

```
STRUC CAR_TYPE INT motor,REAL price,BOOL air_condition
```

2）在结构中可以嵌入 CHAR 数组。

```
STRUC CAR_TYPE INT motor,REAL price,BOOL air_condition,CHAR car_model[15]
```

3）在结构中也可以使用诸如位置 POS 等已知结构。

```
STRUC CAR_TYPE INT motor,REAL price,BOOL air_condition,POS car_pos
```

4）定义完结构后还必须对此声明工作变量。

```
STRUC CAR_TYPE INT motor,REAL price,BOOLair_condition
DECL CAR_TYPE my_car
```

（2）结构的初始化。

1）初始化可通过括号进行。

2）通过括号初始化时只允许使用常量（固定值）。

3）赋值顺序可以不用理会。

```
my_car={motor 50,price 14999.95,air_condition=TRUE}
my_car={price 14999.95,motor 50,air_condition=TRUE}
```

4）在结构中不必指定所有结构元素。

5）一个结构将通过一个结构元素进行初始化。

6）未初始化的值已被或将被设置为未知值。

```
my_car={motor 75};price 价格未知
```

7）初始化也可以通过点号进行。

```
my_car.price=9888.0
```

8）通过点号进行初始化时也可以使用变量。

```
my_car.price=value_car
```

9）结构元素可随时通过点号逐个进行重新更改。

```
my_car.price=12000.0
```

（3）有效性/生存期。

1）创建的局部结构在到达 END 行时便无效。

2）在多个程序中使用的结构必须在 $CONFIG. DAT 中进行声明。

（4）命名。

1）不允许使用关键词。

2）为了便于辨认，自定义的结构应以 TYPE 结尾。

3）KUKA 经常以保存在系统中的预设定结构工作。

（5）位置范围内预设定的 KUKA 结构。

```
AXIS:STRUC AXIS REAL A1,A2,A3,A4,A5,A6
E6AXIS:STRUC E6AXIS REAL A1,A2,A3,A4,A5,A6,E1,E2,E3,E4,E5,E6
FRAME:STRUC FRAME REAL X,Y,Z,A,B,C
POS:STRUC FRAME REAL X,Y,Z,A,B,C
E6POS:STRUC E6POS REAL X,Y,Z,A,B,C,E1,E2,E3,E4,E5,E6 INT S,T
```

（6）带一个位置的结构的初始化。

1）通过括号初始化时只允许使用常量（固定值）。

```
STRUC CAR_TYPE INT motor,REAL price,BOOL air_condition,POS car_pos
DECL CAR_TYPE my_car
my_car={price 14999.95,motor 50,air_condition=TRUE,car_pos {X 1000,Y 500,A 0}}
```

2）初始化也可以通过点号进行。

```
my_car.price=14999.95
my_car.car_pos={X 1000,Y 500,A 0}}
```

3）通过点号进行初始化时也可以使用变量。

```
my_car.price=14999.95
my_car.car_pos.X=x_value
my_car.car_pos.Y=750
```

（7）创建结构。

1）结构的定义。

```
STRUC CAR_TYPE INT motor,REAL price,BOOL air_condition
```

2）工作变量声明。

```
DECL CAR_TYPE my_car
```

3）工作变量的初始化。

```
my_car={motor 50,price 14999.95,air_condition=TRUE}
```

4）值的更改。

```
my_car.price=5000.0
my_car.price=value_car
```

11. 枚举数据类型 ENUM

枚举数据类型由一定量的常量（如红、黄、或蓝）组成，示例程序如下：

```
ENUM COLOR_TYPE green,blue,red,yellow
```

常量是可自由选择的名称，常量由编程员确定。一种枚举类型必须首先经过定义，然后才能继续使用。如 COLOR_TYPE 型箱体颜色的工作变量只能总是接受一个常量的一个值，一个常量的赋值始终以符号#进行。

(1) 枚举数据类型的应用。

1）只能使用已知常量。

2）枚举类型可扩展任意多次。

3）枚举类型可单独使用。

(2) 枚举类型数据的命名。

1）枚举类型及其常量的名称应一目了然。

2）不允许使用关键词。

3）为了便于辨认，自定义的枚举类型应以 TYPE 结尾。

三、子程序和函数

1. 子程序

(1) 局部子程序特点。

1）局部子程序位于主程序之后，并以 DEF Name_ Unterprogramm（ ）开始和 END 结束标明，示例程序如下：

```
DEF MY_PROG( )
;此为主程序
...
END
_______________________________________
DEF LOCAL_PROG1( )
;此为局部子程序 1
...
END
_______________________________________
DEF LOCAL_PROG2( )
;此为局部子程序 2
...
END
_______________________________________
DEF LOCAL_PROG3( )
;此为局部子程序 3
...
END
```

2）SRC 文件中最多可由 255 个局部子程序组成。

3）局部子程序允许多次调用。

4）局部程序名称需要使用括号。

(2) 用局部子程序工作。

1）运行完毕局部子程序后，跳回到调出子程序后面的第一个指令，示例程序如下：

```
DEF MY_PROG( )
```

```
;此为主程序
...
LOCAL_PROG1()
...
END
```

```
DEF LOCAL_PROG1()
...
LOCAL_PROG2()
...
END
```

```
DEF LOCAL_PROG2()
...
END
```

2）最多可相互嵌入20个子程序。

3）点坐标保存在所属的DAT列表中，可用于整个文件，示例程序如下：

```
DEF MY_PROG()
;此为主程序
...
PTP P1 Vel=100% PDAT1
...
END
```

```
DEF LOCAL_PROG1()
  ...
;与主程序中相同的位置
PTP P1 Vel=100% PDAT1
...
END
  DEFDAT MY_PROG()
...
DECL E6POS XP1={X 100,Z 200,Z 300 ... E6 0.0}
  ...
  ENDDAT
```

4）用RETURN可结束子程序，并由此跳回到先前调用该子程序的程序模块中，示例程序如下：

```
DEF MY_PROG()
;此为主程序
...
LOCAL_PROG1()
  ...
END
```

```
_______________________________________________
DEF LOCAL_PROG1( )
...
IF $IN[12]  FALSE THEN
RETURN;跳回主程序
ENDIF
...
END
```

(3) 创建局部子程序的操作。

1) 设置专家用户组。

2) 使 DEF 行显示出来。

3) 在编辑器中打开 SCR 文件。

```
DEF MY_PROG( )
...
END
```

4) 用光标跳到 END 行下方。

5) 通过 DEF、程序名称和括号指定新的局部程序头，如下：

```
DEF MY_PROG( )
...
END
DEF PICK_PART( )
```

6) 通过 END 命令结束新的子程序，如下：

```
DEF MY_PROG( )
...
END
DEF PICK_PART( )
END
```

7) 用回车键确认后会在主程序和子程序之间插入一个横条，如下：

```
DEF MY_PROG( )
...
END
_______________________________________________
DEF PICK_PART( )
END
```

8) 这时便可以继续编辑主程序和子程序。

9) 关闭并保存程序。

2. 使用全局子程序

(1) 全局子程序特点。

1) 全局子程序有单独的 SRC 和 DAT 文件，示例程序如下：

```
DEF GLOBAL1( )
```

```
...
END

DEF GLOBAL2 ( )
...
END
```

2）全局子程序允许多次调用。

（2）用局部子程序工作。

1）运行完毕局部子程序后，跳回到调出子程序后面的第一个指令，如下：

```
DEF GLOBAL1 ( )
    ...
    GLOBAL2 ( )
    ...
    END

    DEF GLOBAL2 ( )
    ...
    GLOBAL3 ( )
    ...
    END

    DEF GLOBAL3 ( )
    ...
    END
```

2）最多可相互嵌入 20 个子程序。

3）点坐标保存在各个所属的 DAT 列表中，并仅供相关程序使用，示例程序如下：

```
DEFGLOBAL1 ( )
...
PTP P1 Vel =100%  PDAT1
END

DEFDAT GLOBAL1 ( )
DECL E6POS XP1 = {X 100,Z 200,Z 300 ... E6 0.0}
ENDDAT
```

从下列程序可以看到 Global2（ ）中 P1 的不同坐标：

```
DEF GLOBAL2 ( )
...
PTP P1 Vel =100% PDAT1
END

DEFDAT GLOBAL2 ( )
DECL E6POS XP1 = {X 800,Z 775,Z 999 ... E6 0.0}
```

```
ENDDAT
```

4）用 RETURN 可结束子程序，并由此跳回到先前调用该子程序的程序模块中，示例程序如下：

```
DEF GLOBAL1( )
...
GLOBAL2( )
...
END

DEF GLOBAL2( )
...
IF $IN[12]==FALSE THEN
RETURN;返回 GLOBAL1( )
ENDIF
...
END
```

（3）使用全局子程序编程时的操作。

1）设置专家用户组。

2）新建程序，如下：

```
DEF MY_PROG( )
...
END
```

3）新建第二个程序，如下：

```
DEF PICK_PART( )
...
END
```

4）在编辑器中打开程序 MY_PROG 的 SCR 文件。

5）借助程序名和括号编程设定子程序的调用，如下：

```
DEF MY_PROG( )
...
PICK_PART( )
...
END
```

6）关闭并保存程序。

3. 函数编程

（1）通过 KRL 定义函数。

1）函数是一种向主程序返回某一值的子程序。

2）通常需要输入一定的值才能计算返回值。

3）在函数头中会规定返回到主程序中的数据类型。

4）待传递的值，通过指令 RETURN（return_value）传递。

5）有局部和全局函数两种。

6）函数的句法如下：

```
DEFFCT DATATYPE NAME_FUNCTION( )
...
RETURN(return_value)
ENDFCT
```

（2）KRL 函数的特性和功能。

1）程序名同时也是一种特定数据类型的变量名称。

2）调用全局函数，示例程序如下：

```
DEF MY_PROG( )
DECL REAL result,value
...
result=CALC(value)
...
END

DEFFCT REAL CALC(num:IN)
DECL REAL return_value,num
...
RETURN(return_value)
ENDFCT
```

注意：*指令 RETURN（return_ value）必须在指令 ENDFCT 之前。*

3）调用局部函数，示例程序如下：

```
DEF MY_PROG( )
DECL REAL result,value
...
result=CALC(value)
...
END
_______________________________________
DEFFCT REALCALC(num:IN)
DECL REALreturn_value,num
...
RETURN(return_value)
ENDFCT
```

4）值传递时使用 IN/OUT 参数。

5）作为 IN 参数进行值传递，传递的值 value 不改变，示例程序如下：

```
DEF MY_PROG( )
DECL REAL result,value
value=2.0
result=CALC(value)
```

```
;value=2.0
;result=1000.0
END

DEFFCT REAL CALC(num:IN)
DECL REAL return_value,num
num=num+8.0
return_value=num* 100.0
RETURN(return_value)
ENDFCT
```

6）作为 OUT 参数进行值传递，传递的值 value 改变后返回，示例程序如下：

```
DEF MY_PROG( )
DECL REAL result,value
value=2.0
result=CALC(value)
;value=10.0
;result=1000.0
END

DEFFCT REAL CALC(num:OUT)
DECL REAL return_value,num
num=num+8.0
return_value=num* 100.0
RETURN(return_value)
ENDFCT
```

（3）函数编程时的操作。

1）确定该函数应提供哪个值（返回数据类型）。

2）确定函数中需要哪些参数（传递数据类型）。

3）确定参数传递的种类（IN 或 OUT 参数）。

4）确定需要的是局部还是全局函数。

5）将主程序载入编辑器。

6）在主程序中声明、初始化及可能需要操作的变量。

7）创建函数调用。

8）关闭并保存主程序。

9）创建函数（全局或局部）。

10）将函数载入编辑器。

11）在 DEFFCT 行中补充数据类型、变量及 IN/OUT。

12）在函数中声明、初始化及操纵变量。

13）创建 RETRUN（return_ value）行。

14）关闭并保存函数。

4. 使用 KUKA 标准函数工作

（1）KUKA 标准函数列。

1）数学函数，见表6-2。

表 6-2　数　学　函　数

数学函数	说　明
ABS（x）	绝对值
SQRT（x）	平方根
SIN（x）	正弦
COS（x）	余弦
TAN（x）	正切
ACOS（x）	反余弦
ATAN2（y，x）	反正切

2）字符串变量函数，见表6-3。

表 6-3　字符串变量函数

字符串变量函数	说　明
StrDeclLen（x）	声明时确定字符串长度
StrLen（x）	初始化后的字符串变量长度
StrClear（x）	删除字符串变量的内容
StrAdd（x，y）	扩展字符串变量
StrComp（x，y，z）	比较字符串变量的内容
StrCopy（x，y）	复制字符串变量

3）用于信息输出的函数，见表6-4。

表 6-4　用于信息输出的函数

	说　明
Set_ KrlMsg（a，b，c，d）	设置信息
Set_ KrlDLg（a，b，c，d）	设置对话
Exists_ KrlMsg（a）	检查信息
Exists_ KrlDlg（a，b）	检查对话
Clear_ KrlMsg（a）	删除信息
Get_ MsgBuffer（a）	读取信息缓存器

（2）KUKA 标准函数均用传递参数调出。

1）带固定值，如：

```
result=SQRT(16)
```

2）简单数据类型变量，如：

```
result=SQRT(x)
```

3）数组变量，如：

```
result=StrClear(Name[])
```

4）枚举数据类型变量。
5）结构变量。
6）带多个不同变量，如：

```
result=Set_KrlMsg(#QUIT,message_parameter,parameter[],option)
```

注意：message_ paramter、parameter［1...3］和 option 是预定义的 KUKA 结构。
（3）每个函数均需要一个可将该函数的结果储存其中的合适变量。
1）数学函数返回一个实数（REAL）值。
2）字符串函数返回布尔（BOOL）或 INT 值，示例程序如下：

```
;删除字符串
result=StrClear(Name[])
```

3）信息函数返回布尔（BOOL）或 INT 值，示例程序如下：

```
;删除信息提示(BOOL:已删除?)
result=Clear_KrlMsg(Rueckwert)
```

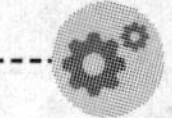

技能训练

一、训练目标

（1）学会编辑子程序。
（2）学会编辑函数应用程序。

二、技能训练的内容和步骤

（1）训练任务描述。
1）设计一个控制子程序，计算数组前 n 项的和。
2）通过主程序，调用子程序，计算数组前 10 项的和。
3）通过函数实现上述控制。
（2）训练步骤。
1）画出控制子程序控制流程图。
2）通过 FOR 循环，实现数组前 n 项和的计算。
3）通过主程序，调用 FOR 循环子程序，计算数组前 10 项的和。
4）用函数实现 FOR 循环，并通过主程序，调用函数，计算数组前 10 项的和。

任务 11 用 KRL 进行运动编程

基础知识

一、借助 KRL 给运动编程

1. 机器人运动说明

机器人运动关注的要素如下。

（1）运动方式包括 PTP、LIN、CIRC 等。

（2）目标位置，必要时还有辅助位置。

（3）精确暂停或轨迹逼近。

（4）轨迹逼近距离。

（5）速度包括 PTP（%）和轨迹运动（m/s）。

（6）加速度。

（7）工具 TCP 和负载。

（8）工作基坐标。

（9）机器人外部工具。

（10）沿轨迹运动时的姿态引导。

（11）圆周运动 CIRC 时的圆心角。

2. 运动编程

（1）点对点运动方式（PTP）。

1）语句格式：

```
PTP 目标点 <C_PTP<轨迹逼近>>
```

PTP 运动参数说明见表 6-5。

表 6-5　PTP 运动参数说明

元素	说　明
目标点	类型：POS、E6POS、AXIS、E6AXIS、FRAME； 目标点可用笛卡尔或轴坐标给定，笛卡尔坐标基于 BASE 坐标（即基坐标系）； 如果未给定目标点的所有分量，则控制器将把前一个位置的值应用于缺少的分量
C_PTP	使目标点被轨迹逼近； 在 PTP-PTP 轨迹逼近中只需要 C_PTP 的参数，在 PTP- CP 轨迹逼近中，即轨迹逼近的 PTP 语句后还跟着一个 LIN 或 CIRC 语句，则还要附加轨迹逼近的参数
轨迹逼近	仅适用于 PTP-CP 轨迹逼近，用该参数定义最早何时开始轨迹逼近；可能的参数如下： 1. C_DIS 距离参数（默认），轨迹逼近最早开始于与目标点的距离低于 $APO.CDIS 的值时； 2. C_ORI 姿态参数，轨迹逼近最早开始于主导姿态角低于 $APO.CORI 的值时； 3. C_VEL 速度参数，轨迹逼近最早开始于朝向目标点的减速阶段中速度低于 $APO.CVEL 的值时

2）机器人运动到 DAT 文件中的一个位置；该位置已事先通过联机表单示教给机器人，机器人轨迹逼近 P3 点。

```
PTP XP3 C_PTP
```

3）机器人运动到输入的位置。

4）轴坐标（AXIS 或 E6AXIS）。

```
PTP {A1 0,A2 -80,A3 75,A4 30,A5 30,A6 110}
```

5）空间位置（以当前激活的工具和基坐标）

```
PTP {X 100,Y -50,Z 1500,A 0,B 0,C 90,S 3,T3 35}
```

6）机器人仅在输入一个或多个集合时运行。

```
PTP {A1 30};仅 A1 移动至 30°
PTP {X 200,A 30};仅在 X 至 200mm,A 至 30°
```

（2）线性运动方式（LIN）。

1）语句格式：

```
LIN 目标点 <轨迹逼近>
```

线性运动参数见表 6-6。

表 6-6 线性运动参数

参数	说明
目标点	类型：POS、E6POS、FRAME； 如果未给定目标点的所有分量，则控制器将把前一个位置的值应用于缺少的分量； 在 POS 或 E6POS 型的一个目标点内，有关状态和转角方向数据在 LIN 运动（以及 CIRC 运动）中被忽略； 坐标值基于基坐标系（BASE）
轨迹逼近	该参数使目标点被轨迹逼近，同时用该参数定义最早何时开始轨迹逼近； 可能的参数如下： 1. C_DIS 距离参数，轨迹逼近最早开始于与目标点的距离低于 $APO.CDIS 的值时； 2. C_ORI 姿态参数，轨迹逼近最早开始于主导姿态角低于 $APO.CORI 的值时； 3. C_VEL 速度参数，轨迹逼近最早开始于朝向目标点的减速阶段中速度低于 $APO.CVEL 的值时

2）机器人运行到一个算出的位置并轨迹逼近点 ABLAGE [4]。

```
LIN ABLAGE[4] C_DIS
```

（3）圆形轨迹运行方式（CIRC）。

1）语句格式：

```
CIRC 辅助点,目标点<,CA 圆心角><轨迹逼近>
```

圆形轨迹运行参数见表 6-7。

表 6-7 圆形轨迹运行参数

参数	说明
辅助点	类型：POS、E6POS、FRAME； 如果未给定辅助点的所有分量，则控制器将把前一个位置的值，应用于缺少的分量； 一个辅助点内的姿态角以及状态和数据原则上均被忽略； 不能轨迹逼近辅助点。始终精确运行到该点； 坐标值基于基坐标系（BASE）
目标点	类型：POS、E6POS、FRAME； 如果未给定目标点的所有分量，则控制器将把前一个位置的值，应用于缺少的分量； 在 POS 或 E6POS 型的一个目标点内，有关状态和转角方向数据在 CIRC 运动（以及 LIN 运动）中被忽略； 坐标值基于基坐标系（BASE）
圆心角	给出圆周运动的总角度。单位：度。无限制；特别是一个圆心角可大于 360°； 1. 正圆心角：沿起点→辅助点→目标点方向绕圆周轨道移动； 2. 负圆心角：沿起点→目标点→辅助点方向绕圆周轨道移动
轨迹逼近	该参数使目标点被轨迹逼近，同时用该参数定义最早何时开始轨迹逼近； 可能的参数如下： 1. C_DIS 距离参数：轨迹逼近最早开始于与目标点的距离低于 $APO.CDIS 的值时； 2. C_ORI 姿态参数：轨迹逼近最早开始于主导姿态角低于 $APO.CORI 的值时； 3. C_VEL 速度参数：轨迹逼近最早开始于朝向目标点的减速阶段中速度低于 $APO.CVEL 的值时

2）机器人运动到 DAT 文件中的一个位置；该位置已事先通过联机表单示教给机器人，机器人运行一段对应 190°圆心角的弧段。

```
CIRC XP3,XP4,CA 190
```

3）圆心角 CA。在编程设定的目标点示教的姿态被应用于实际目标点处。

a. 正圆心角（CA>0）：沿着编程设定的转向做圆周运动，即起点→辅助点→目标点，正圆心角运行如图 6-14 所示。

b. 负圆心角（CA<0）：逆着编程设定的转向做圆周运动，即起点→目标点→辅助点，负圆心角运行如图 6-15 所示。

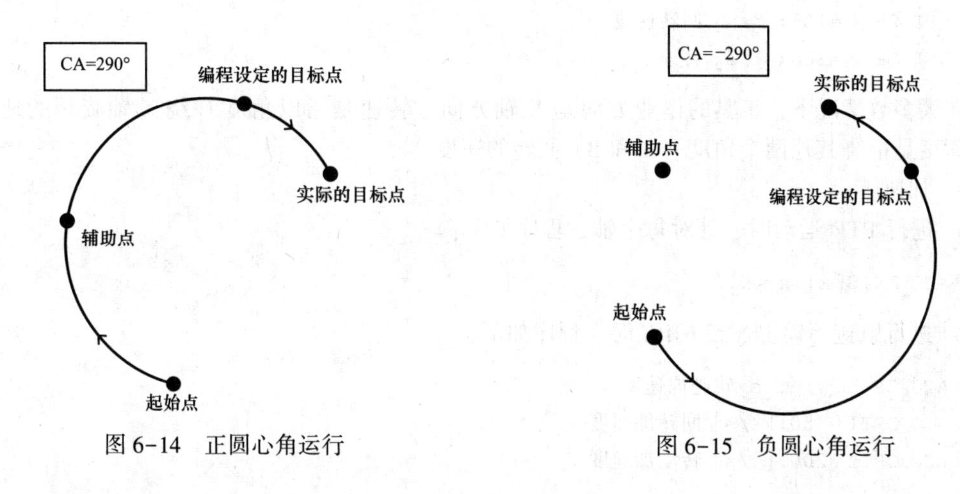

图 6-14 正圆心角运行　　图 6-15 负圆心角运行

3. 运动参数的功能

（1）运动编程的预设置。

1）可以应用现有的设置：①从 INI 行的运行中；②从最后一个联机表单中；③从相关系统变量的最后设置中。

2）更改或初始化相关的系统变量。

（2）运动参数的系统变量。

1）工具 $TOOL 和 $LOAD。

a. 激活所测量的 TCP，程序如下：

```
$TOOL =tool_data[x];x=1...16
```

b. 激活所属的负载数据，程序如下：

```
$LOAD =load_data[x];x=1...16
```

2）参考基坐标/工作基坐标 $BASE。激活所测量的基坐标，程序如下：

```
$BASE =base_data[x];x=1...16
```

3）机器人引导型或外部工具 $IPO_MODE。

a. 机器人引导型工具，程序如下：

```
$IPO_MODE=#BASE
```

b. 外部工具，程序如下：

```
$IPO_MODE=#TCP
```

4）速度。

a. 进行PTP运动时，针对每根轴，程序如下：

```
$VEL_AXIS[x];x=1...8
```

b. 进行轨迹运动LIN时，程序如下：

```
$VEL.CP=2.0;[m/s] 轨迹速度
```

c. 进行轨迹运动CIRC时，程序如下：

```
$VEL.ORI1=150;[°/s] 回转速度
$VEL.ORI2=200;[°/s] 转速
```

在大多数情况下，工具的作业方向是X轴方向。转速是指以角度C绕X轴旋转的速度。回转速度是指绕其他两个角度（A和B）回转的速度。

5）加速。

a. 进行PTP运动时，针对每个轴，程序如下：

```
$ACC_AXIS[x];x=1...8
```

b. 进行轨迹运动LIN或CIRC时，程序如下：

```
$ACC.CP=2.0;[m/s]轨迹加速度
$ACC.ORI1=150;[°/s] 回转加速度
$ACC.ORI2=200;[°/s] 转动加速度
```

6）圆滑过渡距离。

a. 仅限进行PTP运动时，使用C_PTP，程序如下：

```
PTP XP3 C_PTP
$APO_CPTP=50;C_PTP 的轨迹逼近大小,单位 [%]
```

b. 进行轨迹运动LIN、CIRC和PTP时，C_DIS与目标点的距离必须低于$APO.CDIS的值，程序如下：

```
PTP XP3 C_DIS
LIN XP4 C_DIS
$APO.CDIS=250.0;[mm]距离
```

c. 进行轨迹运动LIN、CIRC时，C_ORI主导姿态角必须低于 $APO.CORI的值，程序如下：

```
LIN XP4 C_ORI
$APO.CORI=50.0;[°] 角度
```

d. 进行轨迹运动LIN、CIRC时，C_VEL在驶向目标点的减速阶段中速度必须低于$APO.CVEL的值，程序如下：

```
LIN XP4 C_VEL
$APO.CVEL=75.0;[%]百分数
```

（3）进行LIN和CIRC的姿态引导。进行LIN和CIRC时语句为：

```
$ORI_TPYE
```

1）在进行轨迹运动期间姿态保持不变，如图 6-16 所示。对于结束点来说，编程设定的姿态即被忽略。程序如下：

```
$ORI_TYPE=#CONSTANT
```

2）在进行轨迹运动期间，姿态会根据目标点的姿态不断地自动改变，如图 6-17 所示。程序如下：

```
$ORI_TYPE=#VAR
```

图 6-16 姿态保持不变

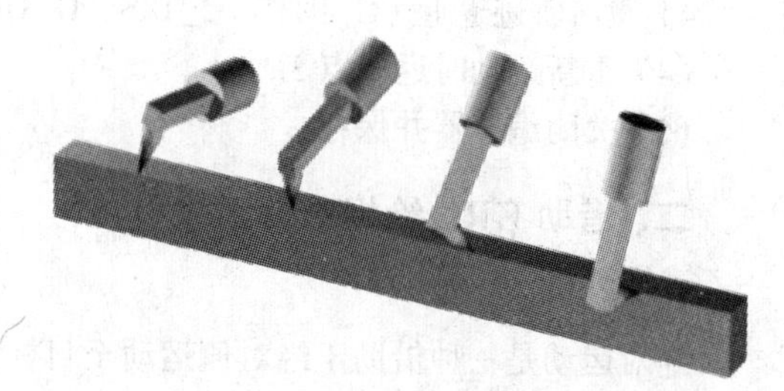

图 6-17 姿态自动改变

3）在进行轨迹运动期间，工具的姿态从起始位置至终点位置，不断地被改变。这是通过手轴角度的线性超控引导来实现的。手轴奇点问题，可通过该选项予以避免，因为绕工具作业方向旋转和回转，不会进行姿态引导。

```
$ORI_TYPE=#JOINT
```

（4）仅限于 CIRC 的姿态引导。语句为：

```
$CIRC_TPYE
```

如果通过 $ORI_TYPE=#JOINT 进行手轴角度的超控引导，则变量 $CIRC_ TYPE 就没有意义了。

1）圆周运动期间以轨迹为参照的姿态引导，如图 6-18 所示。程序如下：

```
$CIRC_TYPE=#PATH
```

2）圆周运动期间以空间为参照的姿态引导，如图 6-19 所示。程序如下：

```
$CIRC_TYPE=#BASE
```

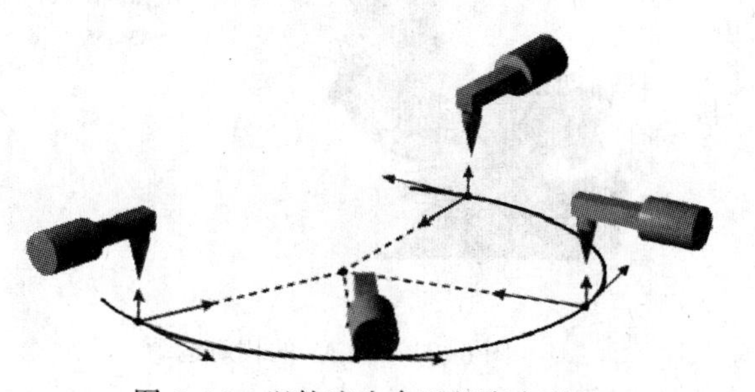

图 6-18 以轨迹为参照的姿态引导

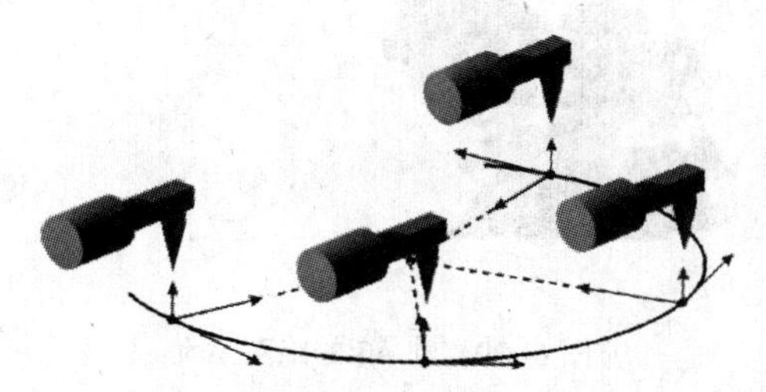

图 6-19 以空间为参照的姿态引导

4. 用 KRL 给运动编程时的操作

(1) 作为专家借助打开键将程序载入编辑器中。

(2) 检查、应用或重新初始化运动编程的预设定值，如工具（＄TOOL 和 ＄LOAD）、基坐标设置（＄BASE）、机器人引导型或外部工具（＄IPO_MODE）、速度、加速度、轨迹逼近距离和姿态引导。

(3) 创建由以下部分组成的运动指令。

1) 运动方式（PTP、LIN、CIRC）。

2) 目标点（采用 CIRC 时还有辅助点）。

3) 采用 CIRC 时可能还有圆心角（CA）。

4) 激活轨迹逼近（C_PTP、C_DIS、C_ORI、C_VEL）。

(4) 重新运动时返回点 3。

(5) 关闭编辑器并保存。

二、借助 KRL 给相对运动编程

1. 绝对运动

绝对运动是一种借助于绝对值运动至目标位置的运动。如轴 A3 的绝对运动，如图 6-20 所示。程序为：

```
PTP {A3 45}
```

通过运动，轴 A3 定位于 45°。

2. 相对运动

相对运动是一种借助于相对值变化至目标位置的运动。如相对于轴 A3 的相运动，如图 6-21所示。程序为：

```
PTP_REL {A3 45}
```

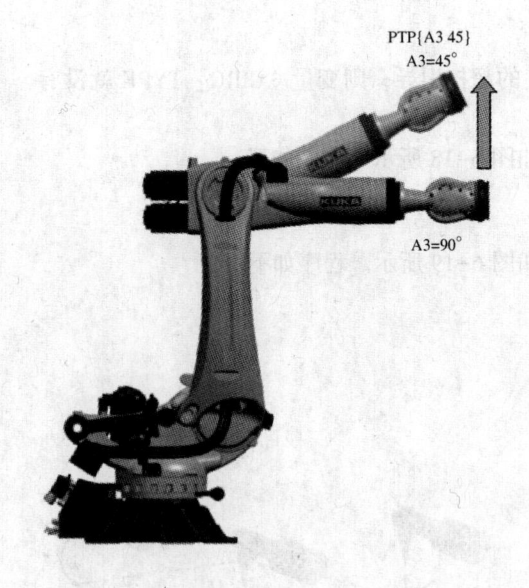

图 6-20 轴 A3 的绝对运动

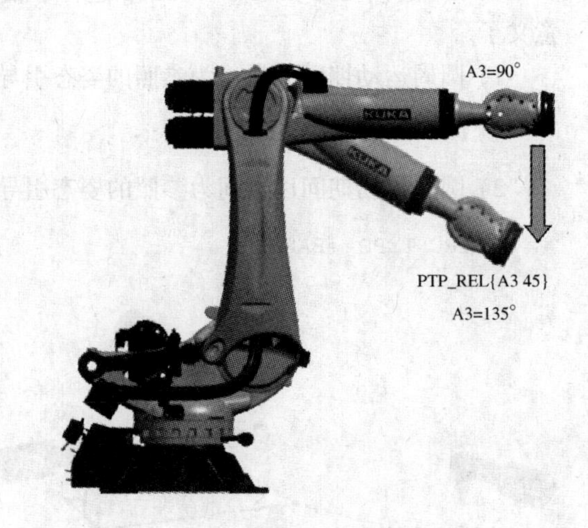

图 6-21 轴 A3 的相对运动

从目前的位置继续移动给定的值，运动至目标位置。在此轴 A3 继续转过 45°。

相对运动的原理：REL 指令始终针对机器人的当前位置。因此，当一个 REL 运动中断时，机器人将从中断位置出发再进行一个完整的 REL 运动。

（1）相对运动（PTP_REL）。

1）语句格式：

```
PTP_REL 目标点 <C_PTP <轨迹逼近>>
```

相对点对点运动参数见表 6-8。

表 6-8　相对点对点运动参数

元素	说明
目标点	类型：POS、E6POS、AXIS、E6AXIS； 目标点可用笛卡尔或轴坐标给定，控制器将坐标解释为相对于当前位置的坐标，笛卡尔坐标基于 BASE 坐标系（即基坐标系）； 如果未给定目标点的所有分量，则控制器将缺少的分量值设置为 0，即这些分量的绝对值保持不变
C_PTP	使目标点被轨迹逼近； 在 PTP-PTP 轨迹逼近中只需要 C_PTP 的参数，在 PTP- CP 轨迹逼近中，即轨迹逼近的 PTP 语句后还跟着一个 LIN 或 CIRC 语句，则还要附加轨迹逼近的参数
轨迹逼近	仅适用于 PTP-CP 轨迹逼近，用该参数定义最早何时开始轨迹逼近； 可能的参数如下： 1. C_DIS 距离参数（默认），轨迹逼近最早开始于与目标点的距离低于 ＄APO. CDIS 的值时； 2. C_ORI 姿态参数，轨迹逼近最早开始于主导姿态角低于 ＄APO. CORI 的值时； 3. C_VEL 速度参数，轨迹逼近最早开始于朝向目标点的减速阶段中速度低于 ＄APO. CVEL 的值时

2）轴 2 沿负方向移动 30°。其他的轴都不动。程序如下：

```
PTP_REL {A2 -30}
```

3）机器人从当前位置沿 X 轴方向移动 100mm，沿 Z 轴负方向移动 200mm。Y、A、B、C 和 S 保持不变。T 将根据最短路径加以计算。程序如下：

```
PTP_REL {X 100,Z -200}
```

（2）相对运动（LIN_REL）。

1）语句格式。

```
LIN_REL 目标点<轨迹逼近><#BASE |#TOOL>
```

相对线性运动参数见表 6-9。

表 6-9 相对线性运动参数

参数	说　明
目标点	类型：POS、E6POS、FRAME； 目标点必须用笛卡尔坐标给出，控制器将坐标解释为相对于当前位置的坐标，笛卡尔坐标可以基于 BASE 坐标系或者工具坐标系； 如果未给定目标点的所有分量，则控制器自动将缺少的分量值设置为 0，即这些分量的绝对值保持不变； 进行 LIN 运动时会忽略在 POS 型或 E6POS 型目标点之内的状态和转角方向数据
轨迹逼近	该参数使目标点被轨迹逼近，同时用该参数定义最早何时开始轨迹逼近； 可能的参数如下： 1. C_DIS 距离参数，轨迹逼近最早开始于与目标点的距离低于 $APO.CDIS 的值时； 2. C_ORI 姿态参数，轨迹逼近最早开始于主导姿态角低于 $APO.CORI 的值时； 3. C_VEL 速度参数，轨迹逼近最早开始于朝向目标点的减速阶段中速度低于 $APO.CVEL 的值时
#BASE、#TOOL	#BASE 默认设置，目标点的坐标基于 BASE 坐标系（即基坐标系）； #TOOL 目标点的坐标基于工具坐标系； 参数 #BASE 或 #TOOL 仅与其所属的 LIN_ REL 指令，它对之后的指令不起作用

2）TCP 从当前位置沿基坐标系中的 X 轴方向移动 100mm，沿 Z 轴负方向移动 200mm。Y、A、B、C 和 S 保持不变。T 则从运动中得出。程序如下：

```
LIN_REL {X 100,Z -200};#BASE 为默认设置
```

3）TCP 从当前位置沿工具坐标系中的 X 轴负方向移动 100mm。Y、Z、A、B、C 和 S 保持不变。T 则从运动中得出。本例适用于使工具沿作业方向的反向运动，条件是已经在 X 轴方向测量过工具作业方向。程序如下：

```
LIN_REL {X -100} #TOOL
```

（3）相对运动（CIRC_REL）。

1）语句格式：

```
CIRC_REL 辅助点,目标点 <,CA 圆心角> <轨迹逼近>
```

相对圆形运动参数见表 6-10。

表 6-10 相对圆形运动参数

参数	说　明
辅助点	类型：POS、E6POS、FRAME； 辅助点必须用笛卡尔坐标给出，控制器将坐标解释为相对于当前位置的坐标，坐标值基于基坐标系（BASE）； 如果给出 $ORI_ TYPE、状态和/或转角方向，则会忽略这些数值； 如果未给定辅助点的所有分量，则控制器将缺少的分量值设置为 0，即这些分量的绝对值保持不变； 辅助点内的姿态角以及状态和转角方向的数值被忽略； 不能轨迹逼近辅助点，始终精确运行到该点

续表

参数	说　明
目标点	类型：POS、E6POS、FRAME； 目标点必须用笛卡尔坐标给出，控制器将坐标解释为相对于当前位置的坐标，坐标值基于基坐标系（BASE）； 如果未给定目标点的所有分量，则控制器将缺少的分量值设置为 0，即这些分量的绝对值保持不变； 忽略在 POS 型或 E6POS 型目标点之内的状态和转角方向数据
圆心角	给出圆周运动的总角度，由此可超出编程的目标点延长运动或相反缩短行程，因此使实际的目标点与编程设定的目标点不相符； 单位为度，没有上限，尤其是可以编程设定圆心角> 360°； 正圆心角：沿起点→辅助点→目标点方向绕圆周轨道移动； 负圆心角：沿起点→目标点→辅助点方向绕圆周轨道移动
轨迹逼近	该参数使目标点被轨迹逼近。同时用该参数定义最早何时开始轨迹逼近； 可能的参数如下： 1. C_DIS 距离参数，轨迹逼近最早开始于与目标点的距离低于 $APO. CDIS 的值时； 2. C_ORI 姿态参数，轨迹逼近最早开始于主导姿态角低于 $APO. CORI 的值时； 3. C_VEL 速度参数，轨迹逼近最早开始于朝向目标点的减速阶段中速度低于 $APO. CVEL 的值时

2）圆周运动的目标点通过 500°的圆心角加以规定。目标点被轨迹逼近。程序如下：

```
CIRC_REL {X 100,Y 30,Z -20},{Y 50},CA 500 C_VEL
```

3. 用 KRL 给运动编程编辑器中时的操作

（1）作为专家借助打开键将程序载入。

（2）检查、应用或重新初始化运动编程的预设定值，如工具（$TOOL 和 $LOAD）、基坐标设置（$BASE）、机器人引导型或外部工具（$IPO_MODE）、速度、加速度、轨迹逼近距离和姿态引导。

（3）创建由以下部分组成的运动指令：运动方式（PTP_ REL、LIN_ REL、CIRC_ REL），目标点（采用 CIRC 时还有辅助点），采用 LIN 时选择参照系（#BASE 或 #TOOL），采用 CIRC 时可能还有圆心角（CA），激活轨迹逼近（C_PTP、C_DIS、C_ORI、C_VEL）。

（4）重新运动时返回点 3。

（5）关闭编辑器并保存。

4. 计算或操作机器人位置

（1）机器人的目标位置使用以下几种结构存储。

1）AXIS/E6AXIS：轴角（A1 ~ A6，也可能是 E1 ~ E6）。

2）POS/E6POS：位置（X，Y，Z），姿态（A，B，C）以及状态和转角方向（S，T）。

3）FRAME：仅位置（X，Y，Z），姿态（A，B，C）。

（2）可以操作 DAT 文件中的现有位置。

（3）现有位置上的单个集合，可以通过点号有针对性地加以更改。

注意：计算时必须注意正确设置工具和基坐标，然后在编程运动时加以激活。不注意这些设置可能导致运动异常和碰撞。

（4）重要的系统变量。

1）$POS_ ACT：当前的机器人位置。变量（E6POS）指明 TCP 基于基坐标系的额定位置。

2）$AXIS_ACT：基于轴坐标的当前机器人位置（额定值）。

3）变量（E6AXIS）包含当前的轴角或轴位置。

（5）计算绝对目标位置。

1）一次性更改 DAT 文件中的位置。程序如下：

```
XP1.x=450;新的 x 值 450mm
XP1.z=30*distance;计算新的 Z 值
PTP XP1
```

2）每次循环时都更改 DAT 文件中的位置。程序如下：

```
;X 值每次推移 450mm
XP2.x=XP2.x+450
PTP XP2
```

3）位置被应用，并被保存在一个变量中。程序如下：

```
myposition=XP3
myposition.x=myposition.x+100;给 x 值加上 100mm
myposition.z=10*distance;计算新的 Z 值
myposition.t=35;设置转角方向值
PTP XP3;位置未改变
PTP myposition;计算出的位置
```

（6）操作步骤。

1）作为专家借助打开键将程序载入编辑器中。

2）计算/操作位置。新计算得出的值可能要暂存在新的变量中。

3）检查、应用或重新初始化运动编程的预设定值，如工具（$TOOL 和 $LOAD）、基坐标设置（$BASE）、机器人引导型或外部工具（$IPO_MODE）、速度、加速度、轨迹逼近距离、姿态引导。

4）创建运动指令，设置运动方式（PTP、LIN、CIRC）、目标点（采用 CIRC 时还有辅助点）、采用 CIRC 时可能还有圆心角（CA）、激活轨迹逼近（C_PTP、C_DIS、C_ORI、C_VEL）。

5）重新运动时返回点 3。

6）关闭编辑器并保存。

技能训练

一、训练目标

（1）用计算位置坐标的数组工作。

（2）使用结构和点号。

（3）使用嵌入的 FOR 循环。

（4）无联机表单时的运动编程。

（5）驶至计算的目标坐标。

二、技能训练内容与步骤

（1）训练任务描述。

1）创建可从方块库中提取16个方块并将其放到工作台指定位置上的程序。然后收集所有方块，并将其放回到方块库中。

2）所有需要通过的位置都应根据一个示教过的位置加以计算。放下位置，应经过同样已计算好的预备位置到达。各个放下位置与各相邻面之间的距离都是80mm。放下位置和预备位置之间的距离应为100mm。

（2）分步任务。

1）画出程序流程图。针对所述的练习内容创建一个程序流程图。

2）计算放下位置。

a. 通过联机表单规定起点位置。

b. 创建用于计算放下位置的合适变量。

c. 通过合适的初值给用户的变量初始化。

d. 计算工作台上的16个放下位置。

技能综合训练

一、圆盘搬运现场编程任务书

姓名		项目名称	圆盘搬运现场编程
指导教师		同组人员	
计划用时		实施地点	
时间		备注	
任务内容			
1. 掌握变量的含义及类型。 2. 掌握变量的定义及应用。 3. 掌握程序结构化设计的方法、各部分结构的含义及应用。 4. 掌握机器人局部子程序、全局子程序的概念、创建方法等。 5. 掌握程序流程控制指令的概念及用法。 6. 掌握搬运编程。			
考核内容	变量的概念及应用		
	程序结构化设计		
	局部子程序、全局子程序的创建方法及区别		
	相关信号等待函数的编程		
	程序流程控制指令的应用		
	搬运程序的编写、调试及运行		

资料	工具	设备
教材		KUKA 多功能工作站
课件		

二、圆盘搬运现场编程任务完成报告表

姓名		任务名称	圆盘搬运现场编程
班级		同组人员	
完成日期		分工任务	

（一）填空题

1. 变量是运算过程中将出现的计算值的通配符。变量由__________、__________、__________和标示。

2. 一个变量的存储位置对其有效性至关重要。一个全局变量建立在__________中，适用于所有程序。一个局部变量建立于__________中，因此仅适用于正在运行的程序。

3. 变量声明的关键词为__________。

4. 局部变量的声明方式为______________________________或______________________________。

5. 全局变量的声明方式为______________________________或______________________________。

6. 常量用关键词__________建立，常量只允许在__________中建立。

7. 变量规定数据类型有__________、__________、__________、__________。

8. 在 DAT 文件中创建全局变量时，通过关键词__________扩展程序头中的数据列表，在变量关键词的后面添加__________关键词。

9. 原则上，有两种不同的子程序类型，分别为__________和__________。

10. SRC 文件中最多可由__________个局部子程序组成。

11. 局部子程序最多可相互嵌入__________个子程序。

（二）判断题

1. KRL 中的变量名称允许以数字开头，不允许为关键词。（ ）

2. 变量在使用前必须总是先进行声明，每一个变量均划归一种数据类型。（ ）

3. SCR 文件中的变量，程序运行结束时，运行时间变量“死亡”；DAT 文件中的变量，在程序运行结束后变量还保持着。（ ）

4. 一个全局子程序是一个独立的机器人程序，可由另一个机器人程序调用。可根据具体要求对程序进行分支，即某一程序可在某次应用中用作主程序，而在另一次则用作子程序。（ ）

5. 局部子程序不允许多次调用，调用局部程序时在局部程序名称后使用括号。（ ）

6. 局部子程序点坐标保存在所属的 DAT 列表中，可用于整个文件。（ ）

（三）简答题

1. 在程序 SRC 文件中声明整数变量 a、实数变量 b、布尔数变量 c、字符变量 d。

2. 在 DAT 文件中声明一个名为 Value、值为 100.21 的实数。

续表

3. 简述在 SRC 文件中声明的变量与在 DAT 文件中声明的变量有什么区别。

4. 说明下列程序的含义。

```
INT m
    ...
    FOR m=1 TO 8 step2
       $IN[m]=TRUE
    ENDFOR
```

5. 下面程序实例中有什么错误？

```
IF $OUT[10]=TRUE
  PTP P20
ELSE
  PTP P30
ENDIF
```

（四）实操题

请按要求完成以下操作任务：

搬运编程，从坐标系 B2 位置搬运至坐标系 B1 的位置。

项目七 应用WorkVisual开发环境

学习目标

(1) 了解 WorkVisual 开发环境。
(2) 学会创建项目。
(3) 学会项目比较。
(4) 学会机器人离线编程。
(5) 学会传送项目。
(6) 学会机器人项目管理。

任务 12 KUKA 机器人 WorkVisual 软件的应用

基础知识

一、WorkVisual 开发环境

1. WorkVisual 软件

(1) WorkVisual 的功能。软件 WorkVisual 是受控于 KR C4 的机器人工作单元的工程环境，具有以下功能。

1) 将项目从机器人控制系统传输到 WorkVisual。在每个具有网络连接的机器人控制系统中都可选出任意一个项目并传输到 WorkVisual 里。即使该电脑里尚没有该项目时也能实现。

2) 将项目与其他项目进行比较。如果需要则应用差值，一个项目可以与另一个项目比较。这可以是机器人控制系统上的一个项目或一个本机保存的项目。用户可针对每一区别单个决定是沿用当前项目中的状态还是采用另一个项目中的状态。

3) 将项目传送给机器人控制系统。

4) 架构并连接现场总线。

5) 编辑安全配置。

6) 对机器人离线编程 。

7) 管理长文本。

8) 诊断功能。

9) 在线显示机器人控制系统的系统信息。

10) 配置测量记录、启动测量记录、分析测量记录 (用示波器)

(2) WorkVisual 操作界面。WorkVisual 操作界面如图 7-1 所示。在默认状态下，并非所有单元都显示在操作界面上，而是可以根据需要显示或隐藏。

(3) 项目结构窗口。项目结构窗口如图 7-2 所示。

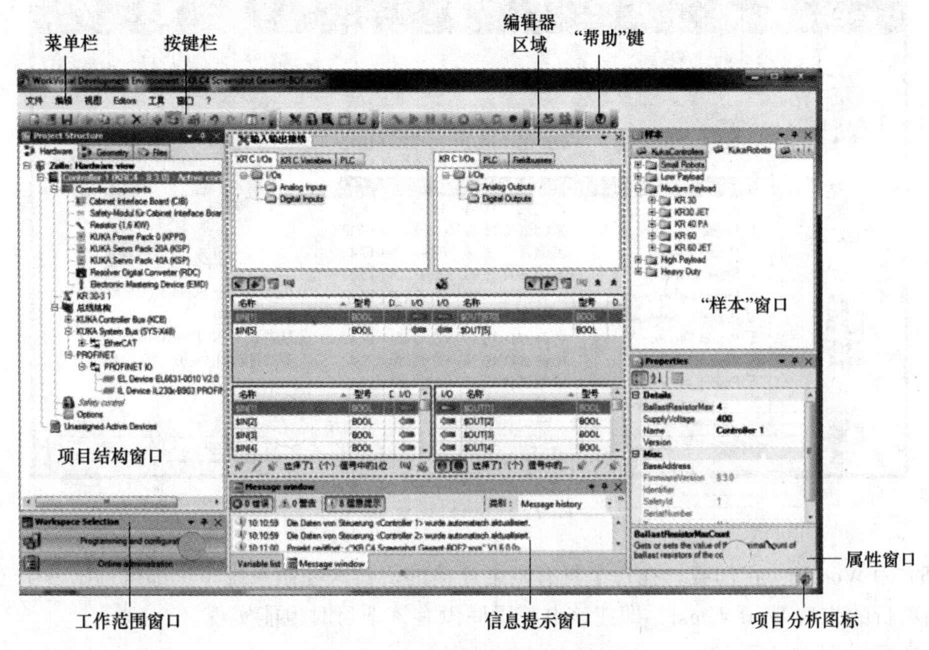

图 7-1 WorkVisual 操作界面

1)"设备"选项卡。"设备"选项卡显示设备的关联性。此处可将单个设备分配给一个机器人控制系统。

2)"产品"选项卡。"产品"选项卡主要用于 WorkVisual Process，较少用于 WorkVisual。此处将一个产品所需的所有任务均显示在一个树形结构中。

3)"几何形状"选项卡。"几何形状"选项卡以树形结构显示出所有项目中现有的几何对象（运动系统、工具、基坐标对象），可编辑对象的属性。主要用于 WorkVisual Process，较少用于 WorkVisual。此处将项目中的所有三维对象均显示在一个树形结构中。当对象须以几何方式相互连接时，如在必须为库卡线性滑轨分配一台机器人时，必须在选项卡几何形状中进行分配（Drag&Drop）（拖放）。

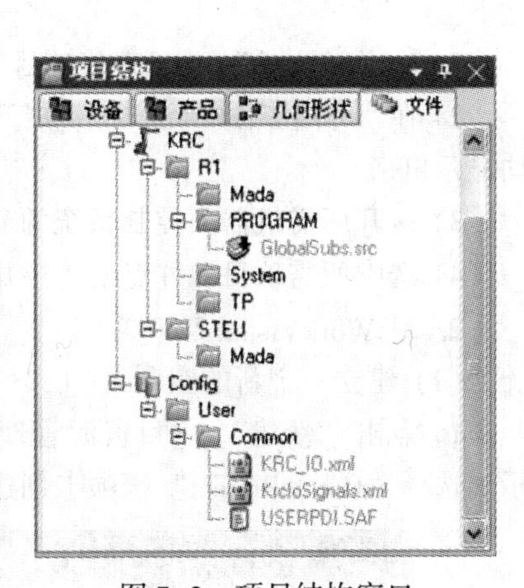

图 7-2 项目结构窗口

4)"文件"选项卡。"文件"选项卡包含属于项目的程序和配置文件。其中，使用不同颜色显示在一个树形结构中。彩色显示文件名，用灰色显示自动生成文件（用菜单功能"生成代码"），蓝色显示在 WorkVisual 中手动贴入的文件，黑色显示从机器人控制系统传输到 WorkVisual 的文件。

(4) 项目浏览器。项目浏览器如图 7-3 所示。

1)"最后的文件"选项卡：显示最后使用的文件。

2)"建立项目"选项卡：用于生成一个新的空项目，或根据模板建立一个新项目，或在现有项目基础上创建新项目。

3)"项目打开"选项卡：用于打开现有项目。

4)"查找"选项卡：用于从机器人控制系统加载一个项目。

图 7-3 项目浏览器

（5）用 WorkVisual 加载。在每个具有网络连接的机器人控制系统中，都可选出一个项目并传送给项目的方法 WorkVisual。即使该电脑里尚没有该项目时也能实现。

该项目保存在目录：Eigene Dateien（我的文档）\ WorkVisual Projects \ Downloaded Projects 之下。

1）选择“文件”→“查找项目”。“项目浏览器”随即打开，左侧已选中选项卡“查找”。

2）在“可用工作单元”栏，展开所需工作单元的节点。该工作单元的所有机器人控制系统均显示出来。

3）展开所需机器人控制系统的节点，所有项目均将显示。

4）选中所需项目，并点击“打开”键。项目将在 WorkVisual 里打开。

2. 用 WorkVisual 创建项目

（1）建立一个新的空项目。

1）点击“新建”。项目资源管理器（WorkVisual Project Explorer）随即打开，如图 7-4 所示。选择“CreateProject”选项卡创建项目。

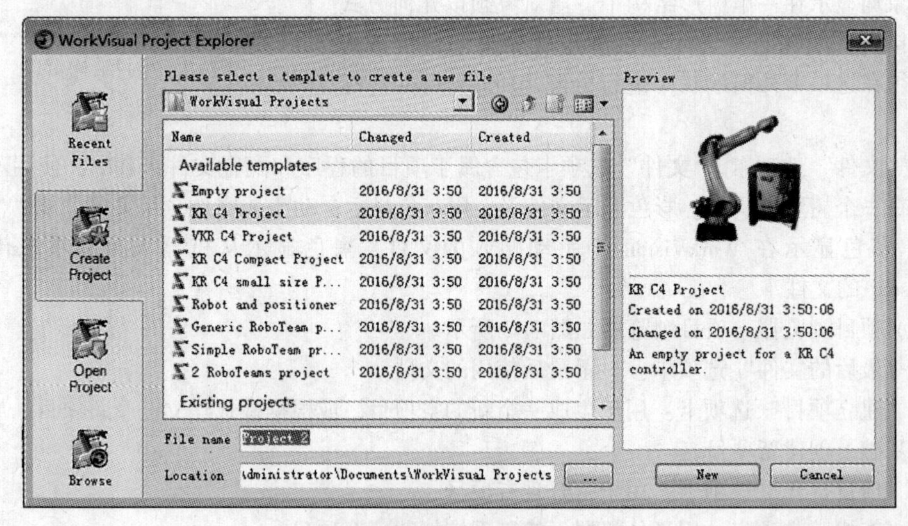

图 7-4 创建项目

2）选定空项目模板。

3）在栏位文件名中给出项目名称“Project2”

4）在栏位存储位置中给出项目的默认目录。需要时选择一个新的目录。

5）点击“New”新建。一个新的空项目 Project2 随即打开。

（2）借助于模板创建项目。

1）点击“新建”，打开项目资源管理器，选择“CreateProject”选项卡创建项目。

2）在可用的模板区下选定所需的模板，如选择“KR C4 Project”模板。

3）在栏位文件名中给出项目名称“Project3”。

4）在栏位存储位置中给出项目的默认目录。需要时选择一个新的目录。

5）点击“New”新建。新的项目 Project3 即打开。

可选模板见表 7-1。

表 7-1　　可 选 模 板

模板	说明
Empty Project	空项目
KR C4 Project	KR C4 项目，该项目已包括一个 KR C4 控制器和编目 KRL 模板
VKR C4 Project	VKR C4 项目，该项目已包括一个 VKR C4 控制器和编目 VW 模板

（3）在现有项目基础上创建项目。

1）点击“新建”，打开项目资源管理器随即打开。选择“Create Project”选项卡创建项目。

2）在可用项目区下选定所需的项目。

3）在栏位文件名中给出新项目的名称。

4）在栏位存储位置中给出项目的默认目录，需要时选择一个新的目录。

5）点击“New”新建。新的项目即打开。

3. 用 WorkVisual 打开项目

（1）基本操作。

1）选择“文件”→“Open Project”打开项目子菜单命令，或点击“Open Project（Ctrl+O）”，打开项目，如图 7-5 所示。

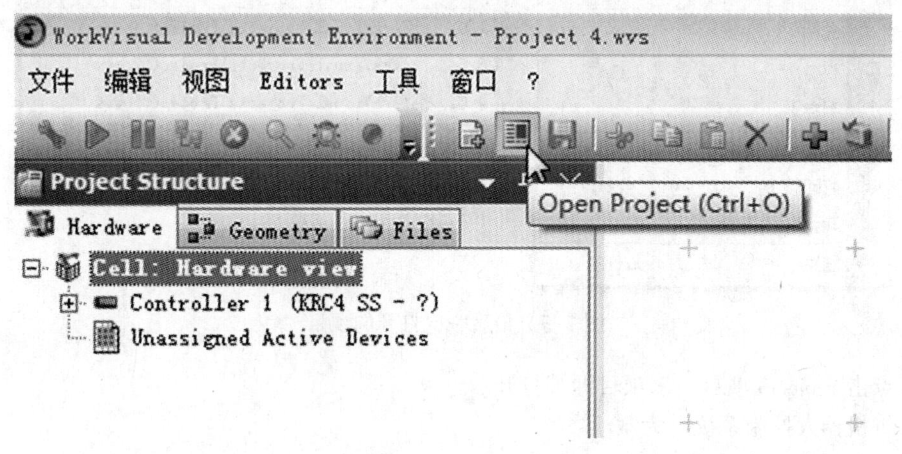

图 7-5　打开项目

2）项目资源管理器随即打开，选择“Open Project”选项卡，将显示一个含有各种项目的列表，如图7-6所示。

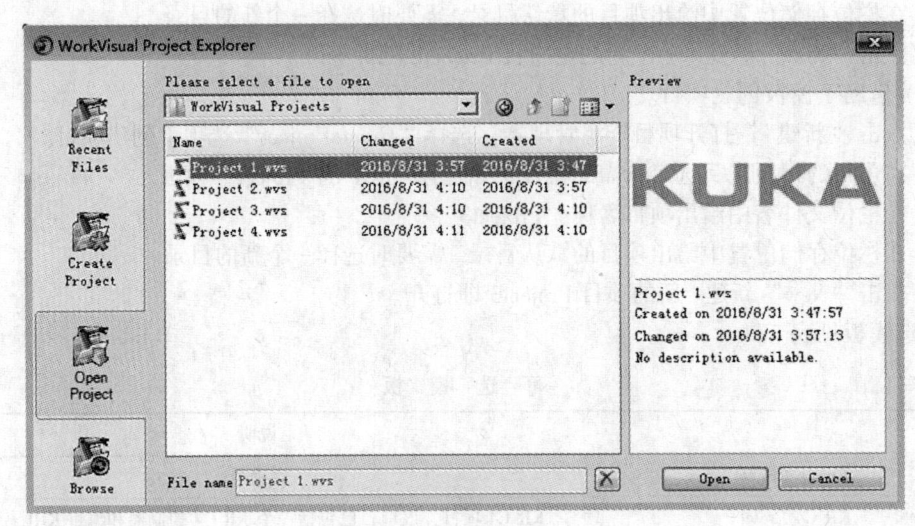

图7-6 项目列表

3）选择“Project1”，点击“Open”，项目即打开。

4）将机器人控制系统设为激活。

（2）直接打开最后一次打开的项目。

1）选择“文件”→“最后一次打开的项目”也可以打开项目，这里选择“Project3”，如图7-7所示。

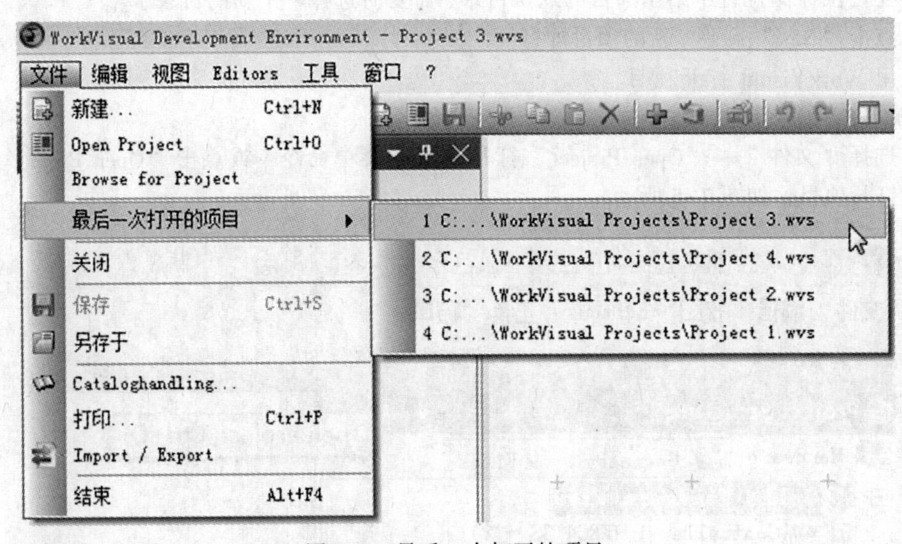

图7-7 最后一次打开的项目

2）点击Project3项目，该项目即被打开。

3）将机器人控制系统设为激活。

4. 用WorkVisual比较项目

（1）项目比较。一个WorkVisual中的项目可以与另一个项目比较，这可以是机器人控制系统上的一个项目或一个本机保存的项目，一目了然地列出不同之处并可以显示详细信息。

用户可以针对每个不同之处，分别决定是要保持当前项目中的状态，还是要接受另一个项目中的状态。

项目之间的差异即以一览表的形式显示出来。对于每项区别，都可选择要应用哪种状态。区别概览如图 7-8 所示。区别说明见表 7-2。

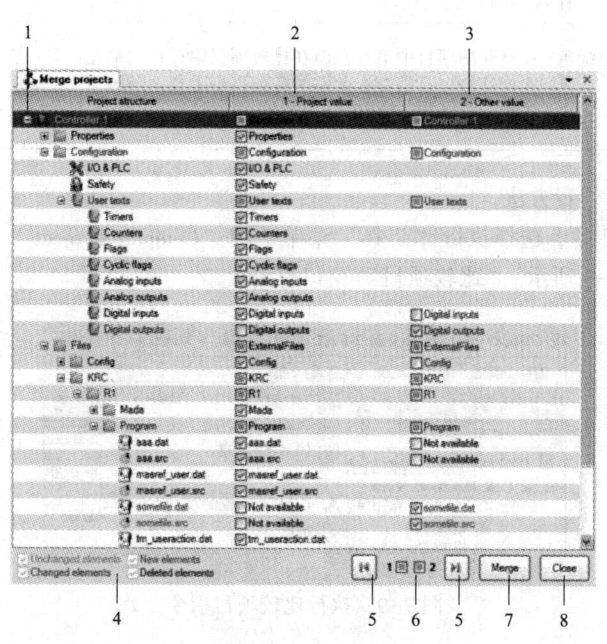

图 7-8　区别概览

表 7-2　　　　**区　别　说　明**

序号	说　明
1	机器人控制系统节点，各项目区以子节点表示；展开节点，以显示比较，若有多个机器人控制系统，则这些系统将上下列出； 1. 在一行中始终在需应用的值前打勾选择（或者利用末行里的复选框）； 2. 当“不可用”栏被打勾选择时，表示该单元没有被应用或者已从项目中删除； 3. 若在一个节点处打勾，则所有下级单元处都将自动勾选；若在一个节点处取消勾选，则所有下级单元也将自动弃选；也可单独编辑下级单元； 4. 填满的小方框表示下级单元中至少有一个被选，但非全选
2	WorkVisual 中所打开项目的状态
3	比较项目中的状态
4	用于显示和隐藏各类区别的过滤器
5	TRUE：显示概览中所选定行的详细信息
6	返回箭头：显示中的焦点跳到前一区别； 向前箭头：显示中的焦点跳到下一区别； 关闭的节点将自动展开
7	复选框显示焦点所在行的状态，也可不直接在行中，而是在此划勾或去除勾选
8	将所选更改应用到打开的项目中
9	关闭“合并项目”窗口

颜色说明见表 7-3。

表 7-3 颜色说明

列	说明
项目结构	每个单元都由其被选定的列中的颜色显示
当前项目值	所有单元都以黑色显示
基准值	绿色：在打开的项目中不存在但在比较项目中存在的单元； 蓝色：在打开的项目中存在但在比较项目中不存在的单元； 红色：所有其他单元，这也包括上级单元，这些上级单元有多种颜色

（2）项目比较的处置方法。

1）在 WorkVisual 中，选择执行“工具”菜单下的“Compare Project”子菜单命令，执行比较项目指令，如图 7-9 所示。“比较项目”窗口打开。

图 7-9 执行比较项目指令

2）选择需与当前 WorkVisual 项目作比较的项目，如实际机器人控制系统上的同名项目，如图 7-10 所示。

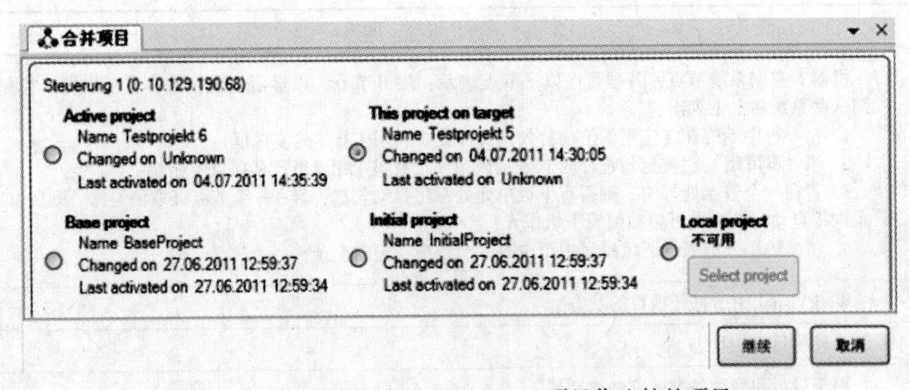

图 7-10 选择需与当前 WorkVisual 项目作比较的项目

3）点击继续。显示一个进度条，如果项目包含多个机器人控制系统，则显示每个系统的进度条。

4）当进度条已填满，且出现状态显示“合并准备就绪”时，点击“显示区别”键。项目之间的差异即以一览表的形式显示出来。若未发现差异，则在信息窗口中，显示与此相关的信息。继续执行第 8 步。无需执行后续的 5~7 步。

5）对每种差异均应选择需采用的状态。针对每种区别，选择是否需要沿用当前项目的状态或需要应用比较项目的状态。不必一次完成所有差异的这种选择。如果合适的话，也可保留默认选择。

6）按动“合并”，将更改传给 WorkVisual 应用。

7）重复步骤5和6任意多次。这样，可逐步编辑各个区域。若不再有其他区别，则显示以下信息：“无其他区别”。

8）关闭“比较项目”窗口。

9）若在机器人控制系统的项目中改变了附加轴的参数，则必须在 WorkVisual 中将其更新。为这些附加轴，打开窗口机器参数配置。在一般轴相关的机器参数区域内按下用于导入机器参数的按键，数据即被更新。

10）保存项目。

5. 用 WorkVisual 传送项目

如果项目里已发生变化，WorkVisual 必须将变化情况发送给控制系统。库卡机器人将该做法叫做“Deployen”调度。在将一个项目传输到机器人控制系统时，总是先生成代码。与实际机器人控制系统之间的网络连接是“Deployen”调度的首要条件。

（1）生成代码。

1）按序打开“工具”→“生成代码”，或者按 按钮。

2）代码在“项目结构”窗口的“文件”选项卡中显示。自动生成的代码显示为浅灰色，生成代码前后对比如图7-11所示。

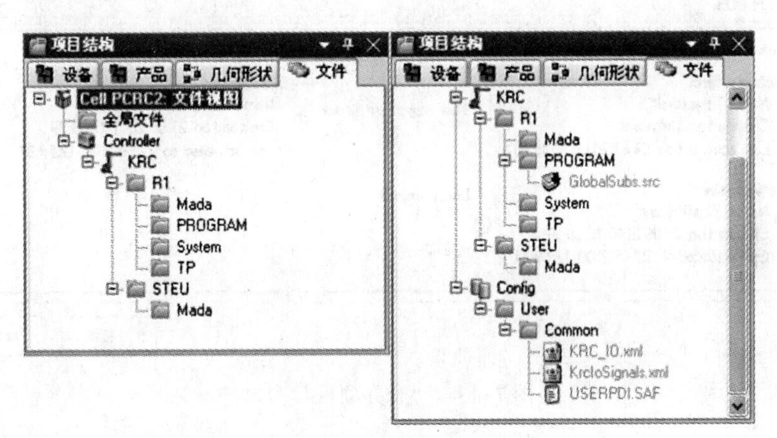

图7-11 生成代码前后对比

当过程结束时，信息窗口中显示以下信息提示：“编译了项目 <‘{0}’V{1}>。结果见文件树。”

（2）操作步骤。

1）在菜单栏中点击“安装”键。打开“项目传输”窗口，如图7-12所示。

2）如果所涉及的项目还从来未从机器人控制系统回传至 WorkVisual，则它还不包含所有配置文件。这时通过一个提示显示出来（配置文件包括机器参数文件、安全配置文件和很多其他的文件）。

如果未显示该提示：继续执行第13步。

如果显示该提示：继续执行第3步。

3）点击“完整化”，显示以下安全询问：“项目必须保存，并重置激活的控制系统！您想

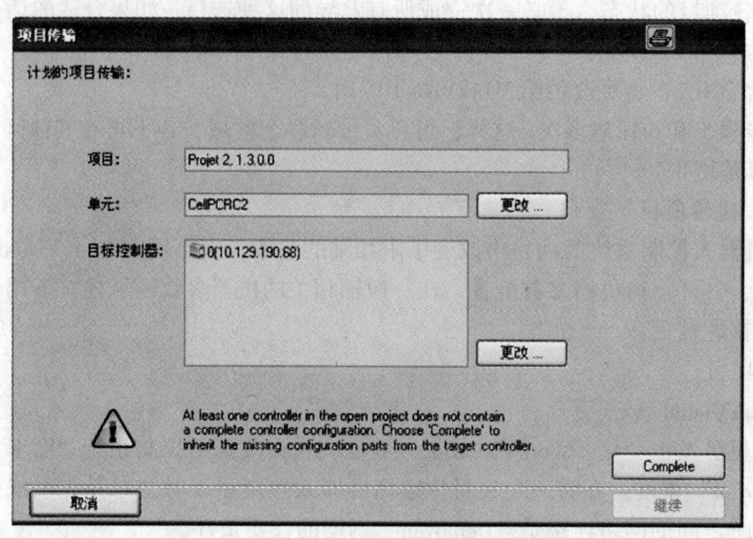

图 7-12 “项目传输”窗口

继续吗?”

4)点击“是”。“合并项目”窗口随即打开，如图 7-13 所示。

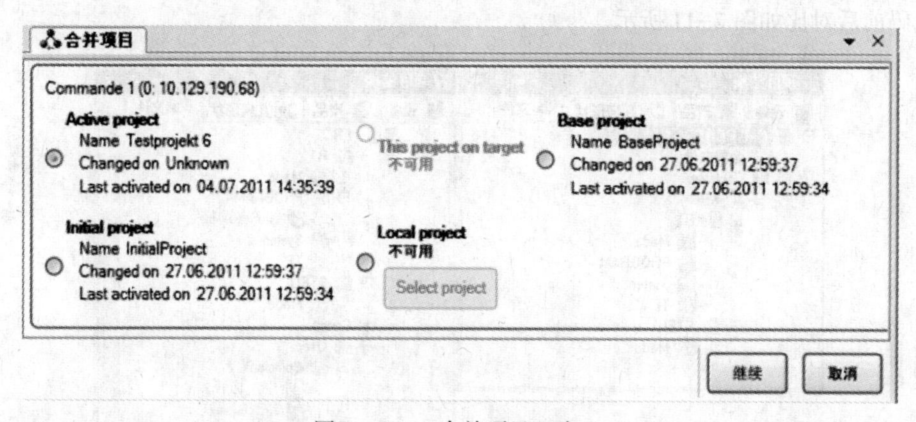

图 7-13 “合并项目”窗口

5)选择一个要应用其配置数据的项目，例如一个在实际存在的机器人控制系统上的激活项目。

6)点击“继续”键。显示一个进度条，如果项目包含多个机器人控制系统，则显示每个系统的进度条。

7)当进度条已填满，且出现状态显示“合并准备就绪”时，点击“显示区别”键，项目之间的差异即以一览表的形式显示出来。

8)对每种差异均应选择需采用的状态。不必一次完成所有差异的这种选择。如果合适的话，也可保留默认选择。

9)点击“合并”键，使应用更改。

10)重复步骤 8 和 9 任意多次，这样，可逐步编辑各个区域。若不再有其他区别，则显示以下信息:“无其他区别。”

11)关闭“比较项目”窗口。

12）在菜单栏中点击“安装”键，重新显示单元归类概览。有关不完整配置的提示不再显示。

13）点击“继续”键。启动生成程序。当进度条显示 100%时，程序即已生成，项目被传输。

14）点击“激活”键 。

15）仅限于运行方式 T1 及 T2：KUKA smartHMI 显示安全询问“允许激活项目［…］吗?”。另外还显示“通过激活是否会盖写一个项目”“如果是的话，是哪一个?”。如果没有重要的项目被覆盖，则需在 30min 之内点击“是”键确认。

16）显示相对于机器人控制系统仍激活项目而进行的更改的概览。通过“详细信息”复选框可以显示相关更改的详情。

17）概览显示安全询问“您想继续吗?”，点击“是”回答。该项目即在机器人控制系统中激活。对此 WorkVisual 将显示一条确认信息，如图 7-14 所示。

图 7-14　WorkVisual 确认信息

18）点击“结束”键，关闭“项目传输”窗口。

19）若未在 30min 内回答机器人控制系统的询问，则项目仍将传输，但在机器人控制系统中不激活。该项目可独立激活。

6. 在机器人控制系统中激活项目

项目可直接在机器人控制系统中激活。项目也可在机器人控制系统上从 WorkVisual 激活。

（1）项目管理功能。

1）机器人控制系统可对系统内的多个项目实行管理。

2）与此相关的所有功能只在“专家”用户组里才可处理。

（2）项目管理操作。

1）按序打开“文件”→“项目管理”。

2）点击操作界面上的 WorkVisual 符号键，操作界面里的项目显示如图 7-15 所示，然后点击“打开”。

图 7-15　操作界面里的项目显示

3）项目管理操作如图 7-16 所示。

项目管理操作说明见表 7-4。

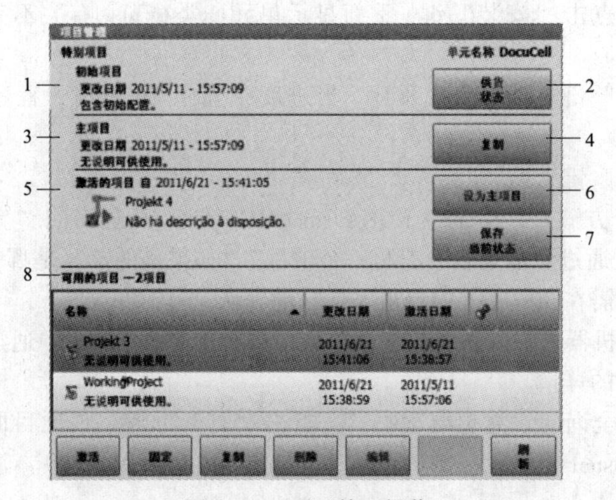

图 7-16　项目管理操作

表 7-4　　项目管理操作说明

序号	说　明
1	将显示初始项目
2	重新恢复机器人控制系统的供货状态
3	将显示主项目，只限于专家以上的用户组使用
4	建立主项目的一份副本
5	显示激活的项目
6	将激活的项目作为主项目保存，激活的项目保持激活状态，只限于专家以上的用户组使用
7	建立一份激活项目的已钉住的副本，只限于专家以上的用户组使用
8	项目列表，此处不显示激活的项目

4）除了通常的项目，窗口项目管理还包含以下特别项目，特别项目说明见表 7-5。

表 7-5　　特别项目说明

项目	说　明
初始项目	初始项目总是存在，用户无法更改，它包含供货时机器人控制系统的状态
主项目	用户可将激活的项目作为主项目来保存，该功能一般用于确保一个有效可靠的项目状态； 主项目不能激活，但可以复制，用户无法更改主项目，但它可以通过保存一个新的主项目被覆盖（在安全询问之后）； 如果激活了一个未包含所有配置文件的项目，则从主项目里提取和应用所缺失的信息

5）软键说明见表 7-6。

表 7-6　　软 键 说 明

软件	作用	说　明
激活	激活选定的项目	如果所选定的项目被钉住，则建立一份所选定项目的副本（被钉住的项目本身不能激活，只能激活其副本），用户可以决定是应立即激活副本，还是要使当前项目保持激活； 只限于专家以上的用户组使用

续表

软件	作用	说　明
固定	固定（钉住）项目	被钉住的项目不可被更改、激活或删除。但可以被复制或松开，可以将项目钉住，以防止其被意外删除； 只有当选定了一个未钉住的项目时才可用； 只限于专家以上的用户组使用
松开	松开项目	只有当选定了一个钉住的项目时才可用； 只限于专家以上的用户组使用
复制	复制选定的项目	只限于专家以上的用户组使用
删除	删除选定的项目	只有当选定了一个未激活 、未钉住的项目时才可用； 只限于专家以上的用户组使用
编辑	编辑项目	打开一个可更改所选定项目的名称和/或说明的窗口； 只有当选定了一个未激活 、未钉住的项目时才可用； 只限于专家以上的用户组使用
更新	更新项目列表	

二、应用 WorkVisual 软件离线编程

1. 文件处理

将现有文件载入 KRL 编辑器中，从样本中添加新文件，添加外部文件。

（1）样本模板。

1）通过“文件”→“添加样本”载入样本，激活相应的模板。可以选择 KRL 模板（KRL Templates. afc）或 VW 模板（VW Templates. afc）。

2）KRL 模板的样本如图 7-17 所示。

（2）在 KRL 编辑器中打开文件（SRC/DAT）的操作。

1）切换文件的项目树，WorkVisual 项目树如图 7-18 所示。

2）将文件夹展开至 R1 文件夹，如图 7-19 所示。

3）选择文件。通过双击工具栏按钮 。

4）右击，并在相关菜单中选择 KRL 编辑器（KRL editor），如图 7-20 所示。

（3）借助 KRL 模板添加文件的操作步骤。

1）切换文件的项目树。

2）将文件夹展开至 R1 文件夹。

3）选择需要创建新文件的文件夹。

4）右击，并在相关菜单中选择“添加”，如图 7-21 所示。

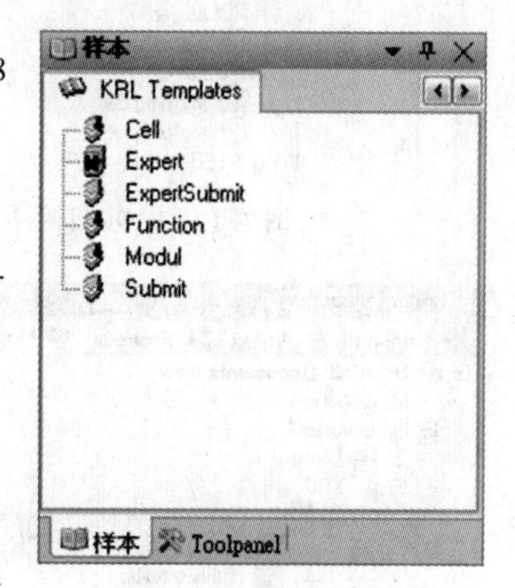

图 7-17　KRL 模板

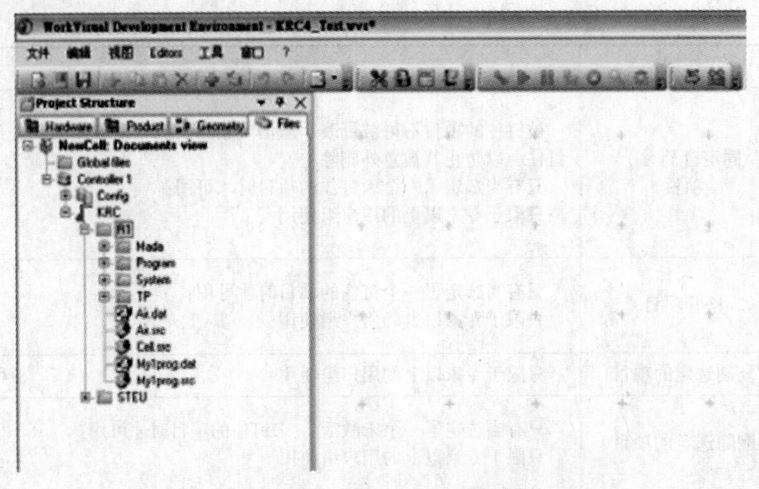

图 7-18 WorkVisual 项目树

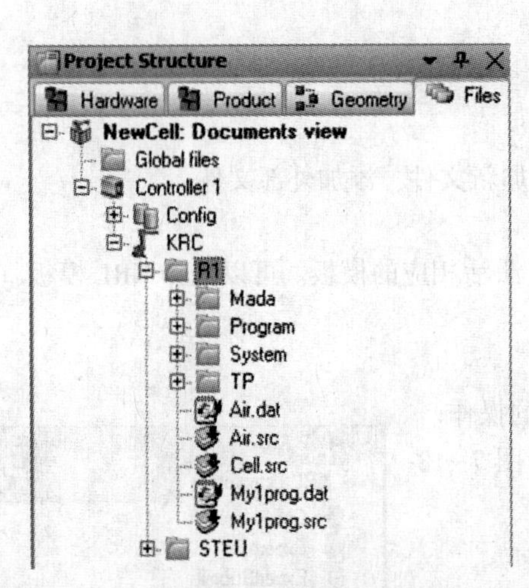

图 7-19 R1 项目树

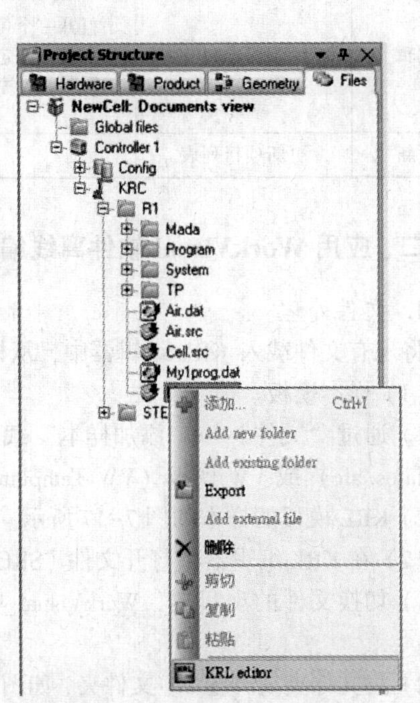

图 7-20 选择 KRL 编辑器

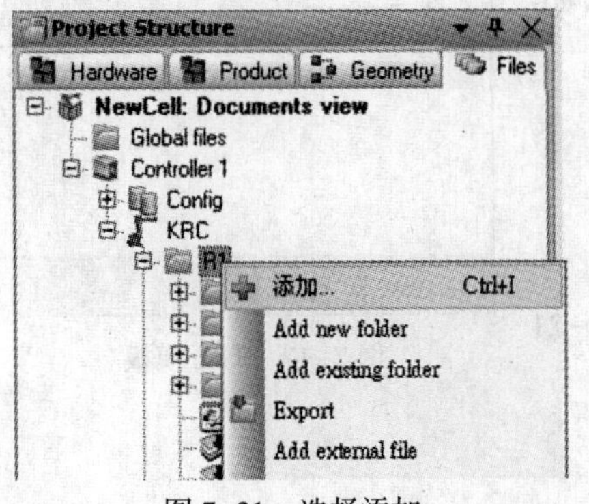

图 7-21 选择添加

5）选择模板（Modul），如图 7-22 所示。

6）指定程序名称。

(4) 添加外部文件的操作步骤。

1）切换文件的项目树。

2）将文件夹展开至 R1 文件夹。

3）选择需要创建新文件的文件夹。

4）右击，并在相关菜单中选择“添加外部文件（Add external file）”，如图 7-23 所示。

5）选择文件，然后按下“打开”。

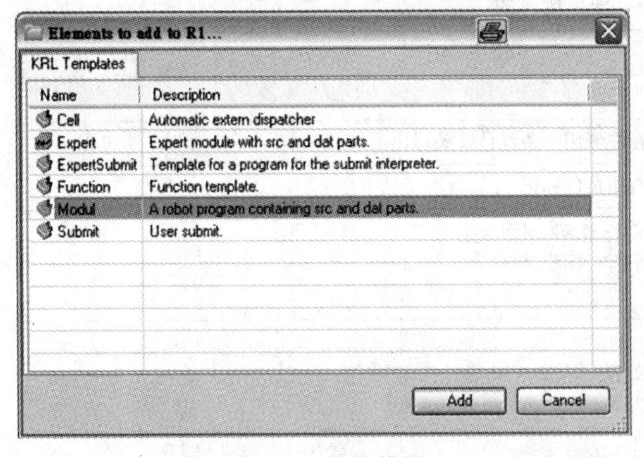

图 7-22　选择模板

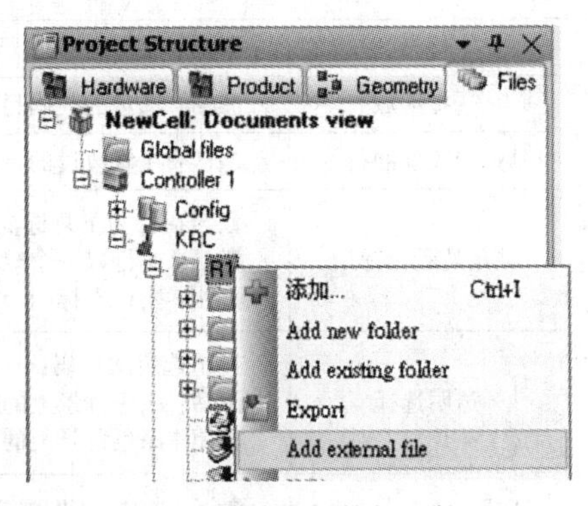

图 7-23　添加外部文件

2. KRL 编辑器的使用

（1）程序编辑（SRC/DAT）。

1）通过直接 KRL 输入。

2）借助 KRL 指令的快速输入。

3）借助工具箱中的联机表单。

（2）KRL 编辑器的属性。

1）编辑器的配置。

2）KRL 编辑器中的颜色说明。

3）错误识别（KRL Parser）。

4）变量表。

5）KRL 编辑器中的附加编辑功能。

（3）配置 KRL 编辑器。

1）选择“其他”→“选项”，打开“选项”（Options）窗口。

2）文件夹文本编辑器包括子项“显示”和“行为”。

3）“显示”如图 7-24 所示，配置说明见表 7-7。

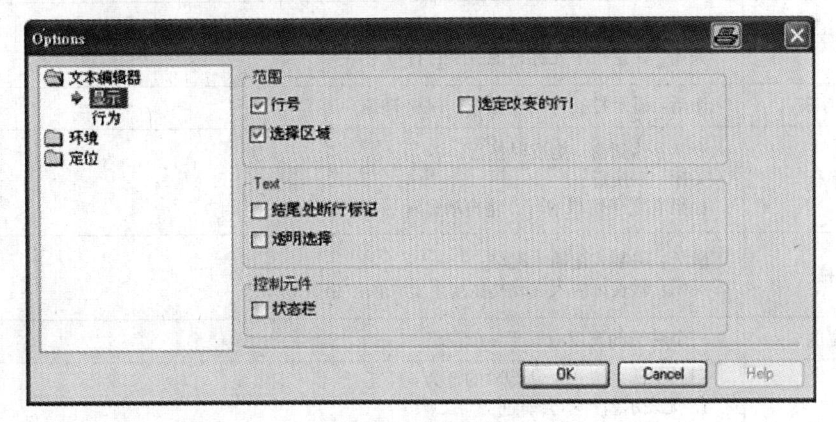

图 7-24　显示

表 7-7 外 观 配 置

栏位	说 明
行号	激活：显示行号
选择区域	激活：选定的代码另外还在左侧用一条红色竖条标出
选定改变的行	激活：在修改过的行的行首用黄色标记
结尾处断行标记	仅当在行为下复选框自动换行激活时才相关； 激活：换行以一个绿色的小箭头标示； 关闭：换行不标示
透明选择	显示选定的代码； 激活：浅色背景上的橘色文字； 关闭：深色背景上的白色文字
状态栏	激活：KRL 编辑器下部显示一条状态栏； 例如：显示程序名和光标所在行的编号

4）“行为”如图 7-25 所示，配置说明见表 7-8。

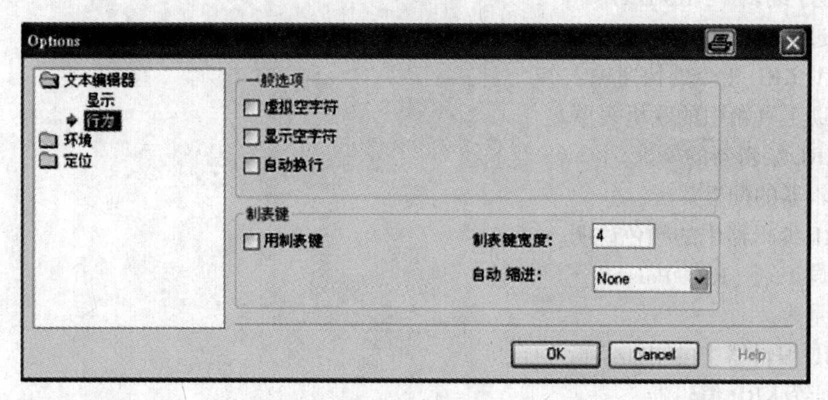

图 7-25 行为

表 7-8 行 为 说 明

栏目	说 明
虚拟空字符	激活：在空行中光标可置于一个任意位置； 关闭：在空行中光标只能置于行首
显示空字符	激活：显示控制符（空格符、跳格符等）
自动换行	激活：达到窗口宽度时换行； 关闭：不换行； 如果有宽于窗口的行，将自动显示一个滚动条
用跳格	激活：用制表键插入跳格； 关闭：制表键插入在跳格宽度下定义的空格数量
跳格宽度	一个跳格的宽度应等于 x 个空格
自动缩进	用回车键生成一个新行时的行为： 1. 无表示新行不会缩进； 2. 两端对齐表示新行与上一行缩进量相同； 3. Smart 表示 Fold 内的行为，若上一行缩进，则缩进量应用于新行，若上一行未缩进，则新行将缩进

5）KRL 编辑器会识别输入代码的组成部分并自动用不同的颜色来表示。KRL 编辑器的颜色说明见表 7-9。

表 7-9　KRL 编辑器的颜色说明

代码组成部分	颜色
KRL 关键词（除；FOLD 和；ENDFOLD 之外）	中蓝
；FOLD 和；ENDFOLD	灰色
数字	深蓝
字符串（文字在双引号“…”内）	红色
注释	绿色
特殊字符	蓝绿色
其他代码	黑色

（4）KRL 编辑器错误识别。

1）KRL 编辑器具有自动识别错误的功能。

2）编程编码中识别出的错误用红色波纹下划线标出。

3）只有当选择了类别 KRL-Parser 后，才能在信息窗口看到错误。

4）可识别出 KRL 错误以及部分结构错误（在程序的错误位置声明）。

5）变量中的打字错误是无法识别的。

错误识别实例如图 7-26 所示。

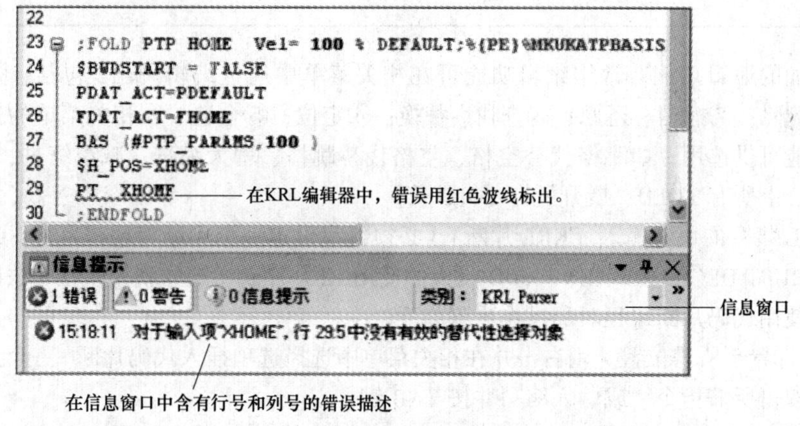

图 7-26　错误识别实例

（5）变量列表的功能。

1）在某个特定文件中所声明的所有 KRL 变量都能清晰明了地显示在一个列表中。

2）对于 SRC 文件，也总是显示相关 DAT 文件的变量，反之亦然。

3）在搜索栏内输入变量名或名称的一部分，查找结果将立即显示。

4）变量列表设置如图 7-27 所示。

5）点击列表某一列时，列表可按该列排序。按键说明见表 7-10。

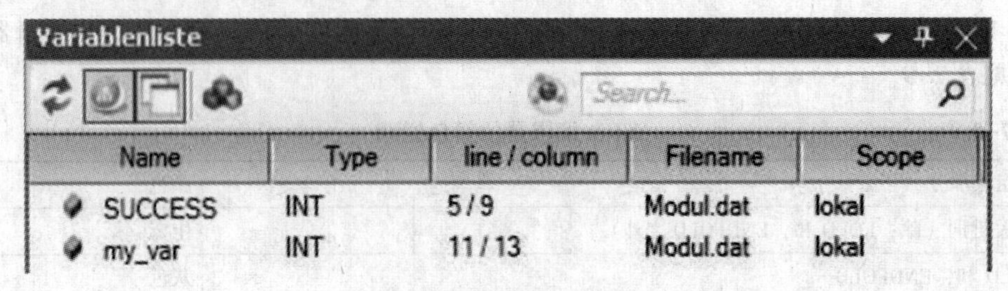

图 7-27 变量列表设置

表 7-10 按键说明

按键	说明
	重新读取
	一旦结构树中选定的文件变动时，便更新列表
	当前编辑器变动时更新列表
	将变量根据局部子功能编组（SRC/DAT）
	按键被按下：则查找涉及所有全局变量

(6) 附加的编辑功能。常用编辑功能可在相关菜单中通过编辑调出，包括：①剪切、粘贴、复制、删除；②撤销、还原；③查找、替换；④定位；⑤全选。在相关菜单的扩展下还有其他编辑功能可供选用，如跳格代替空格、空格代替跳格、增大缩进、减小缩进、添加注释、删除注释、合上所有 FOLD、展开所有 FOLD 等。

(7) KRL 指令的快速输入（KRL 片断）。必须编程设定一个中断声明。为了不必完整输入句法 INTERRUPT DECL … WHEN … DO，人们使用 KRL 片断。这样就只须在句法的变量位置手动填写。使用代码片断编程时的操作步骤如下。

1) 将光标置于所需位置。用右击并在相关菜单中选择选项插入代码片断。一个列表栏，即显示出来，双击所需指令。或输入缩写并按 TAB 键。

2) KRL 句法自动贴入。第一个变量位，具有红色背景。输入所需数值。

3) 用回车键跳到下一个变量位置，输入所需数值。

4) 对所有变量位置重复步骤 3。

3. 在 KRL 编辑器使用工具箱编程

(1) 激活工具箱。

1) 选择“窗口”→“工具箱”。

2) 定位或固定工具箱。

3) 将程序载入 KRL 编辑器，工具箱自动添加功能。

(2) 使用工具箱编程时的操作。

1) 将光标置于所需位置。

2）在工具箱中选择所要的联机表单，选择运动工具箱如图 7-28 所示。

3）编辑联机表单/设置参数，如图 7-29 所示。

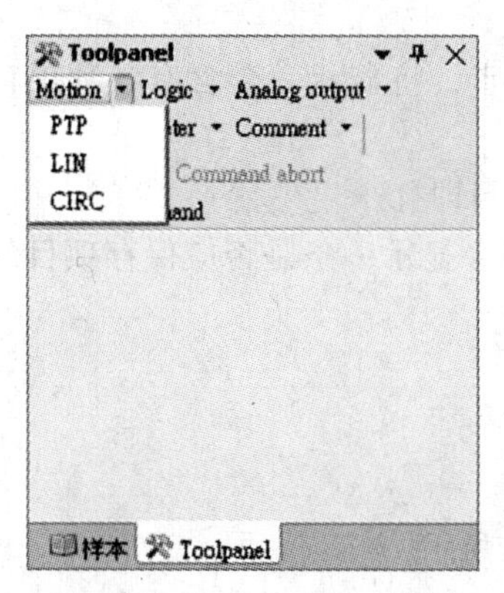

图 7-28　选择运动工具箱

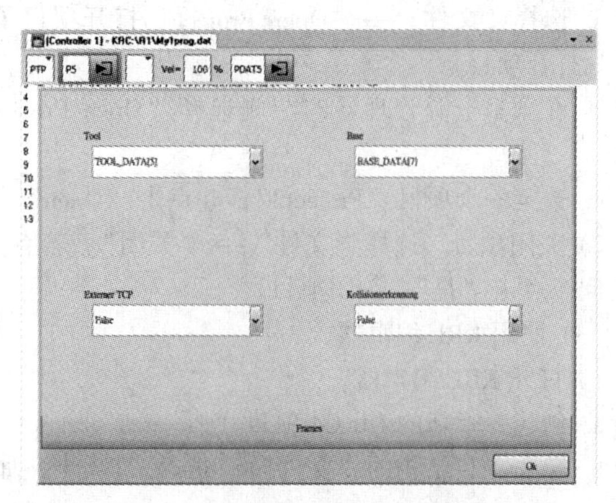

图 7-29　编辑联机表单/设置参数

4）用工具箱上的 OK 指令键结束联机表单。

技能训练

一、训练目标

（1）学会创建项目。

（2）学会打开项目。

（3）学会使用 KRL 编辑器。

二、训练内容和步骤

（1）创建项目。

1）启动 WorkVisual 软件。

a. 点击“新建”打开项目资源管理器，选择“CreateProject”选项卡创建项目。

b. 选定空项目模板。

c. 在栏位文件名中给出项目名称“Project12”

d. 在栏位存储位置中给出项目的默认目录。需要时选择一个新的目录。

e. 点击按键“New”新建。一个新的空项目 Project2 随即打开。

2）保存项目。

a. 选择“文件”→“保存”，或点击按键保存项目。

b. 选择“文件”→“另存为”。

c. 打开“另存为”窗口，在此可选择项目的一个存储位置。

d. 在文件名栏位中，给定名称并点击“保存”。

3）退出 WorkVisual 软件

a. 选择“文件”→“结束”。

b. 若有项目打开，则会显示一条是否应保存项目的安全询问。

c. 点击“是”键，退出 WorkVisual 软件。

(2) 打开项目。

1) 基本操作。

a. 选择“文件”→“Open Project”打开项目子菜单命令，或点击“Open Project（Ctrl+O）”打开项目。

b. 在项目资源管理器的左侧选择“Open Project”选项卡，将显示一个含有各种项目的列表。

c. 选定一个项目“Project3”，并点击“Open”打开，项目即打开。

2) 关闭项目。选择“文件”→“关闭”。若有更改，则会显示一条是否应保存项目的安全询问。点击“是”，关闭项目。

(3) 使用KRL编辑器。

1) 打开KRL编辑器。

a. 创建一个新的KR C4项目“Project5”。

b. 单击项目结构的“文件”（Files）选项卡，如图7-30所示。

图7-30 “文件”选项卡

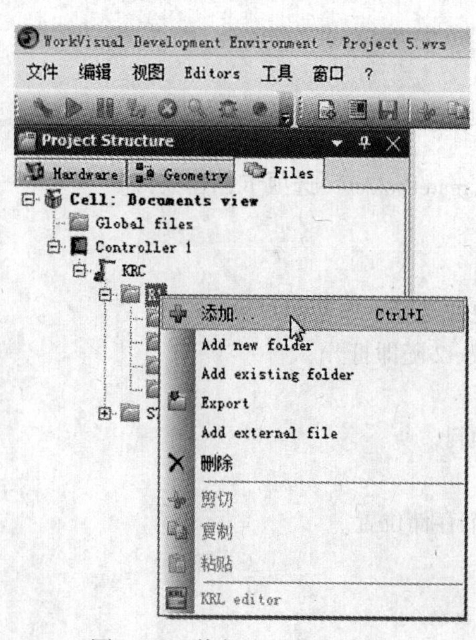

图7-31 执行“添加”命令

c. 展开Cotraller_ 1控制器文件夹。

d. 展开KRC文件夹。

e. 右击R1文件，在弹出的右键菜单中选择“添加”，如图7-31所示。

f. 弹出添加模板文件对话框，如图7-32所示。

g. 选择添加Model模板文件，单击“Add”按钮，弹出输入文件名对话框。

h. 在文件名栏，输入文件名“Model1”，单击“Ok”按钮，创建一个Model1模块文件。

i. 右键单击Model1. src文件，在弹出的右键菜单中，选择“KRL editor”KRL编辑器，如图7-33所示。

j. KRL编辑器被打开，如图7-34所示。

2) KRL编辑器操作界面。KRL编辑器操作界面如图7-35所示。KRL编辑器操作区说明见表7-11。

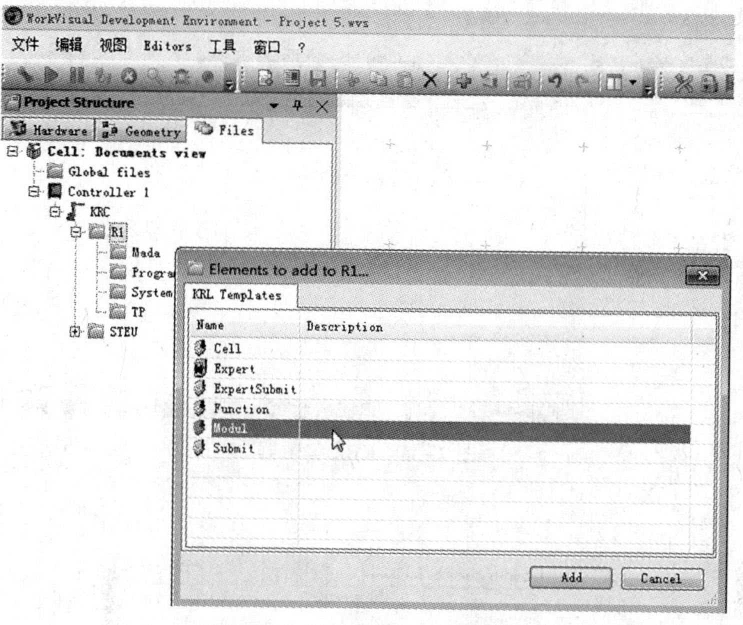

图 7-32　添加模板文件对话框

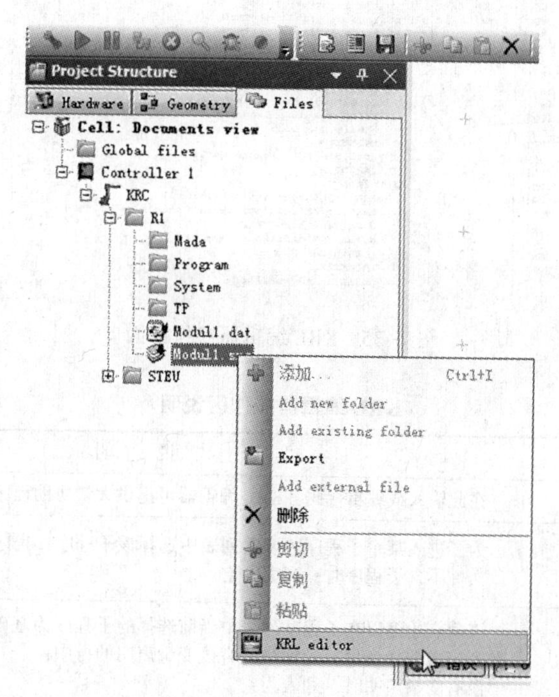

图 7-33　右键单击 Model1. src 文件

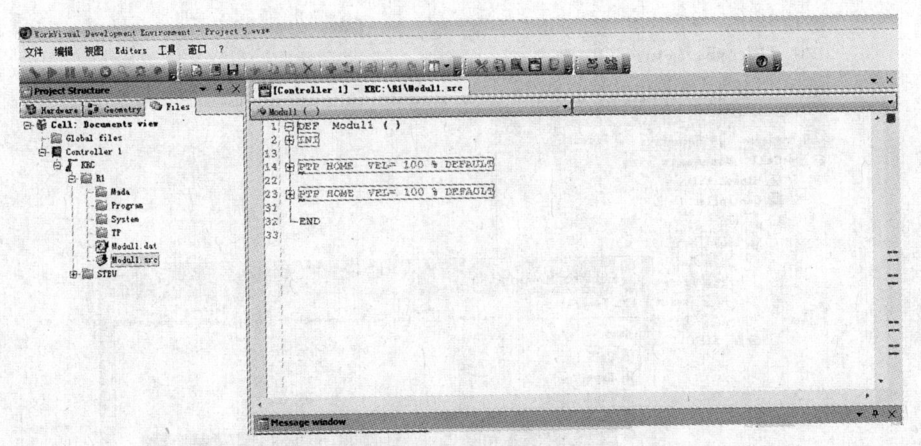

图 7-34 KRL 编辑器

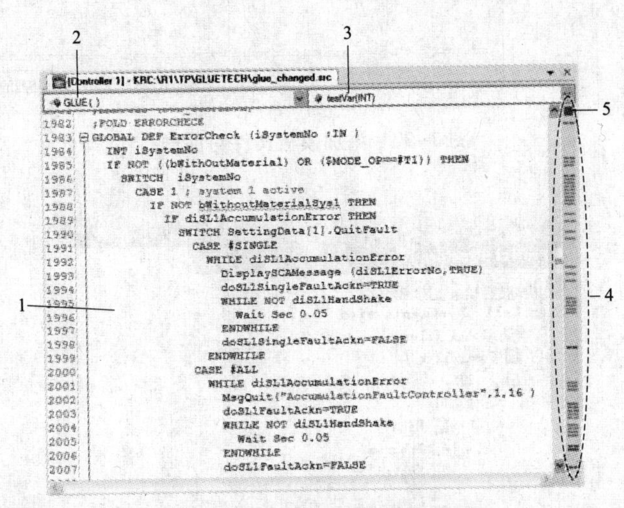

图 7-35 KRL 编辑器操作界面

表 7-11 KRL 编辑器操作区说明

序号	操作区	说 明
1	程序区域	在此输入或编辑代码，KRL 编辑器可提供大量协助程序员编程的功能
2	子程序列表	为了进入某个子程序，要在列表中选择该子程序，光标跳向该子程序的 DEF 行； 文件不含子程序时，列表为空
3	变量声明列表	该列表始终以在子程序列表中当前选择的子程序为基础，为了进入某个声明，要在列表中选择变量，光标跳向有该变量声明的行中； 没有变量声明时，列表为空
4	分析条	1. 标记显示代码中的错误或不一致，鼠标悬停在标记上方时，显示具有该出错说明的工具提示； 2. 通过点击标记，光标跳到程序中的相关位置，某些错误/不一致会被自动更正
5	颜色显示	正方形有当前最严重错误的颜色； 没有错误/不一致时，正方形为绿色

3）程序编辑。

a. 打开 model1. src 文件。

b. 鼠标单击第 2 条 PTP 指令前的“+”号，展开 PTP 指令 FOLD，如图 7-36 所示。

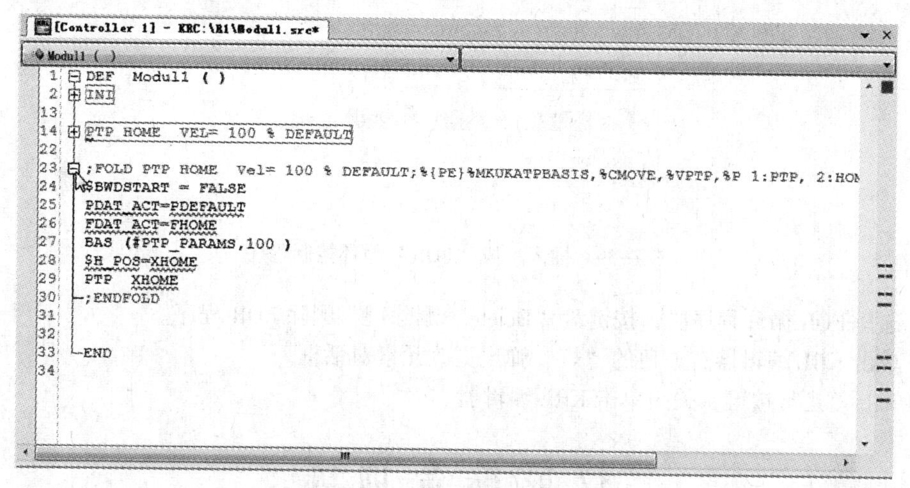

图 7-36　展开 PTP 指令 FOLD

c. 鼠标单击第 2 条 PTP 指令前的“-”号，隐藏 PTP 指令细节。

d. 右键单击第 2 条 PTP 指令下的空白处，在弹出菜单中，执行“Insert snippet”插入 KRL 指令片段命令，如图 7-37 所示。

e. 在弹出的 KRL 指令片段对话框中选择“FOR”循环指令，如图 7-38 所示。

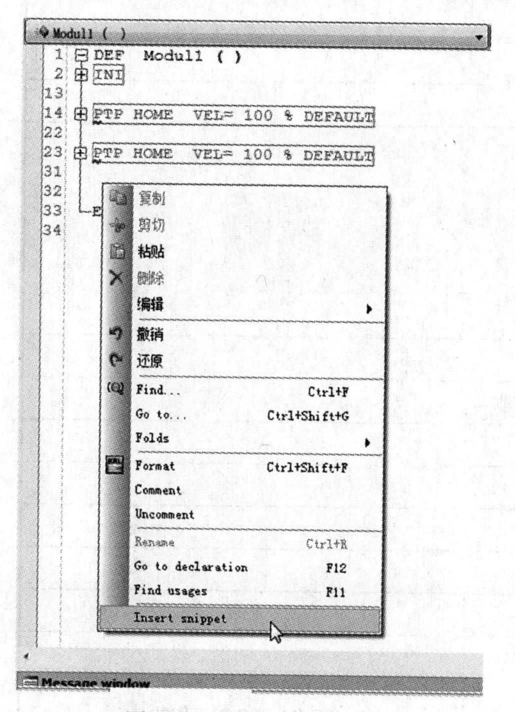

图 7-37　插入 KRL 指令

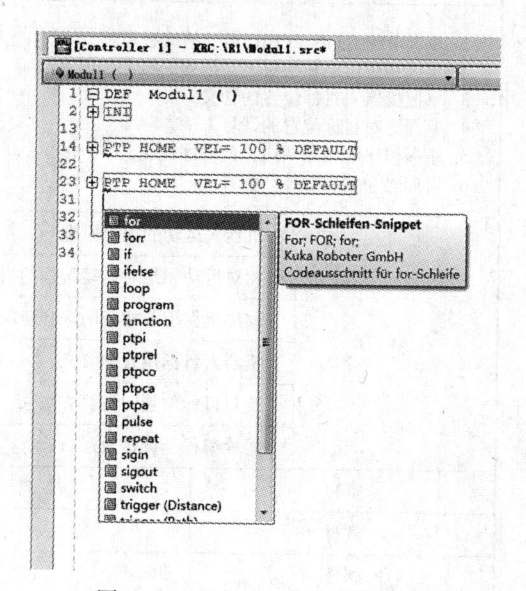

图 7-38　选择“FOR”循环指令

f. 插入一段“FOR”循环控制程序，如图 7-39 所示。

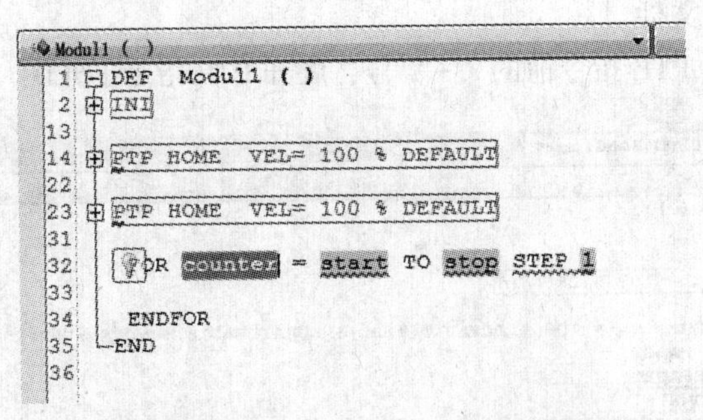

图 7-39 插入一段“FOR”循环控制程序

g. 选择 FOR 循环程序段，按键盘“Delete”删除键，删除 FOR 程序。

h. 单击 KRL 编辑器右上角的“x”，弹出更改元素对话框。

i. 单击“是”按键，关闭单击 KRL 编辑器。

技 能 综 合 训 练

一、码垛综合编程任务书

<table>
<tr><td>姓名</td><td></td><td>项目名称</td><td>码垛综合编程</td></tr>
<tr><td>指导教师</td><td></td><td>同组人员</td><td></td></tr>
<tr><td>计划用时</td><td></td><td>实施地点</td><td></td></tr>
<tr><td>时间</td><td></td><td>备注</td><td></td></tr>
<tr><td colspan="4">任务内容</td></tr>
<tr><td colspan="4">1. 掌握 PTP、LIN、CIRC 运动的编程原理。
2. 掌握相对运动和绝对运动编程的概念和原理。
3. 掌握机器人目标位置的含义。
4. 掌握绝对目标位置的计算方法。
5. 掌握程序的相互调用，使程序优化。
6. 掌握码垛编程的技巧和方法。</td></tr>
<tr><td rowspan="6">考核内容</td><td colspan="3">机器人运动的编程原理</td></tr>
<tr><td colspan="3">相对运动和绝对运动编程的概念和原理</td></tr>
<tr><td colspan="3">程序流程控制指令的综合应用</td></tr>
<tr><td colspan="3">机器人目标位置的含义</td></tr>
<tr><td colspan="3">绝对目标位置的计算方法</td></tr>
<tr><td colspan="3">码垛编程、调试及运行</td></tr>
<tr><td>资料</td><td>工具</td><td colspan="2">设备</td></tr>
<tr><td>教材</td><td></td><td colspan="2" rowspan="4">KUKA 多功能工作站</td></tr>
<tr><td>课件</td><td></td></tr>
<tr><td></td><td></td></tr>
<tr><td></td><td></td></tr>
</table>

二、码垛综合编程任务完成报告表

姓名		任务名称	码垛综合编程
班级		同组人员	
完成日期		分工任务	

（一）填空题

1. 机器人运动到 DAT 文件中的一个位置：该位置已事先通过联机表单示教给机器人，机器人轨迹逼近 P3 点，编写的指令格式为：____________________________。

2. 机器人运动到轴坐标的位置为：A1 90°；A2 -90°；A3 45°；A4 30°；A5 0°；A6 120°；则机器人运动到输入位置的指令为：____________________________。

3. LIN 目标点编程，如果未给定目标点的所有分量，则控制器将把__________应用于缺少的分量。在 POS 或 E6POS 型的一个目标点内，有关__________和__________方向数据在 LIN 运动（以及 CIRC 运动）中被忽略。

4. 运动指令的轨迹逼近中，C_DIS 为__________，C_ORI 为__________，C_VEL 为__________。

5. 正圆心角（CA>0）：沿着编程设定的转向做圆周运动：__________–__________–__________。

6. 负圆心角（CA<0）：沿着编程设定的转向做圆周运动：__________–__________–__________。

7. 绝对运动，借助于__________运动至目标位置；相对运动，从目前的位置继续移动__________，运动至目标位置。

8. 表示相对运动的直线运动指令是__________。

（二）计算题

计算 A、B、C、X、Y、Z 的值。已知：INT X，Y，Z；REAL A，B，C

A=4.5；B= -2；C= 4.1

X=2.5；Y=4；Z=0.1

A= A * B+Y；A=__________

B= B * Z+X；B=__________

C=C+4/3；C=__________

X=X+2.5 * 4；X=__________

Y= Y - 10.0/4；Y=__________

Z= 14 - Z * C+A；Z=__________

（三）简答题

1. 说明程序段 PTP_REL {X 50，Y -30，Z 100} 表达的含义。

2. 在进行圆周运动时用参数 CA 给定什么？

续表

3. LIN 运动时轨迹逼近的设置如何？

4. 机器人目标位置的结构 AXIS、E6AXIS、POS、E6POS 分别代表什么？

5. 如下程序所示，已知 P3 点的位置，计算变量 position 的位置，并说明每条程序的含义。

```
position=XP3;
position.y=position.y-50;
position.z=5*position.z+20;
position.t=45;
PTP XP3;
PTP position;
```

6. 如何在 WorkVisual 开发环境中创建一个新项目？

7. 如何在 WorkVisual 开发环境中打开一个项目？

8. 如何在 WorkVisual 开发环境中，进行项目比较？

9. 如何通过 WorkVisual 开发环境，传送一个项目？

10. 如何在 WorkVisual 开发环境，创建一个程序的过程？

11. 如何在 KRL 编辑器中编辑程序？

（四）编程题

完成工业机器人码垛编程，将物料从固定位置搬运到码垛区，进行 2 行、3 列、2 层的码垛工序，码垛示意图如下图所示，方块物料尺寸为 45mm×45mm×35mm（长×宽×高）。

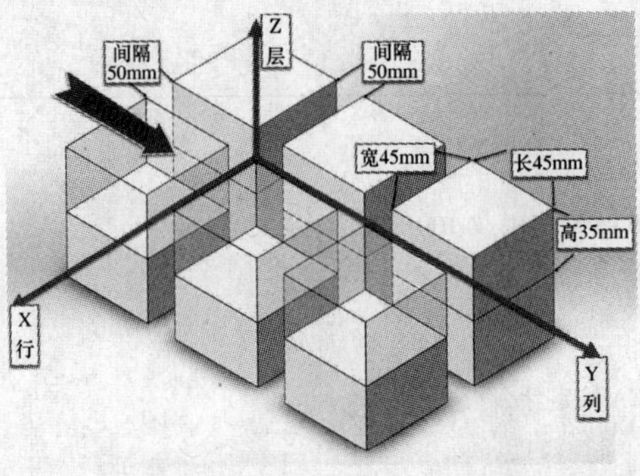

项目八 机器人工作站集成应用

学习目标

（1）掌握 KUKA 简单结构化编程。

（2）掌握工作站的工作流程。

（3）掌握 PLC 控制及编程。

（4）掌握程序的调试及运行。

（5）设备的维护与保养。

任务 13　KUKA 机器人工作站集成应用

基础知识

一、KUKA 机器人工作站

1. 项目描述

（1）贴合。通过视觉系统拍摄确定放置的角度距离，吸取三角物料通过处理视觉传回的数值进行计算，机器人到达计算点行紧密贴合，如图 8-1 所示。

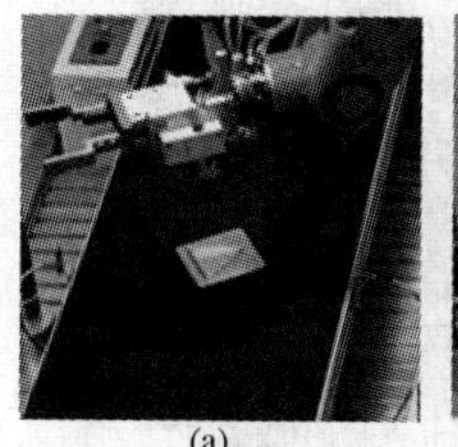

(a)

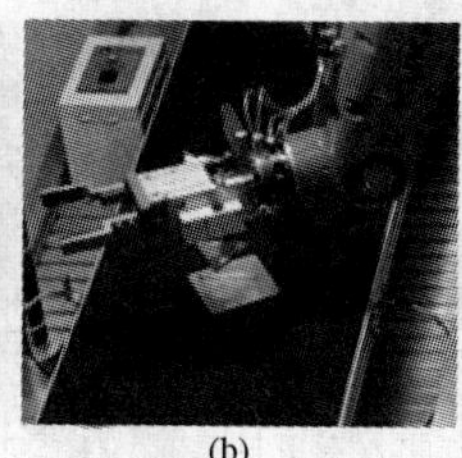

(b)

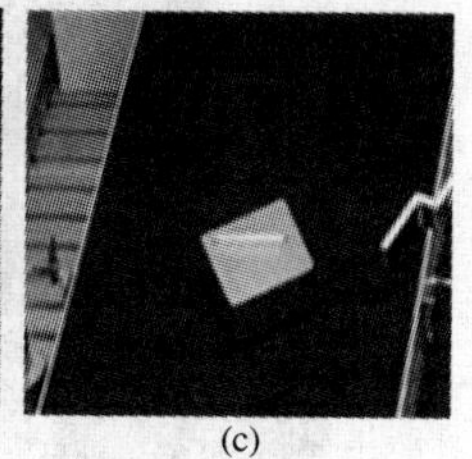

(c)

图 8-1　贴合

（2）搬运。通过视觉系统，计算机器人抓取点的位置抓取物料后放到规定位置，如图 8-2 所示。

(a)

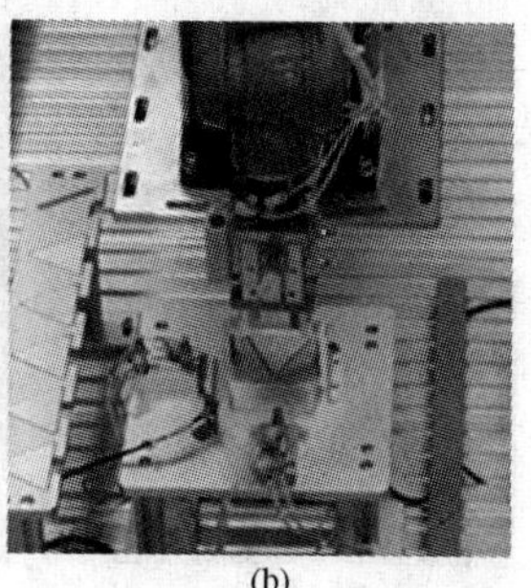

(b)

图 8-2　搬运

（3）码垛。通过程序偏移等指令对抓取的物料进行码垛，如图 8-3 所示。

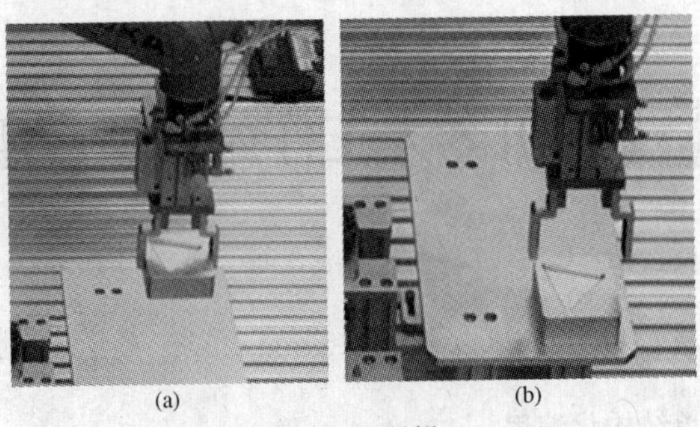

(a) (b)

图 8-3 码垛

（4）模拟焊接。通过设定工具坐标和工件坐标，达到精确模拟焊接，如图 8-4 所示。

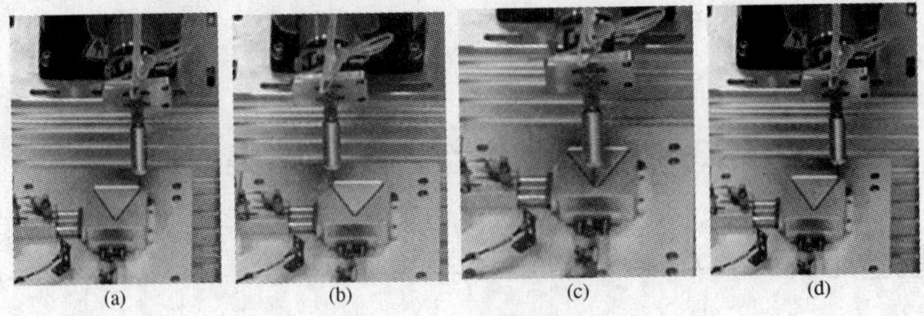

(a) (b) (c) (d)

图 8-4 模拟焊接

（5）模拟仓储。通过与传感器反馈，从而知道金属，非金属物料，放在哪个位置，在通过传感器反馈，看这个位置是否有其他物料。金属物料放置在仓库上层，如图 8-5 所示；非金属物料放置在仓库下层，如图 8-6 所示。

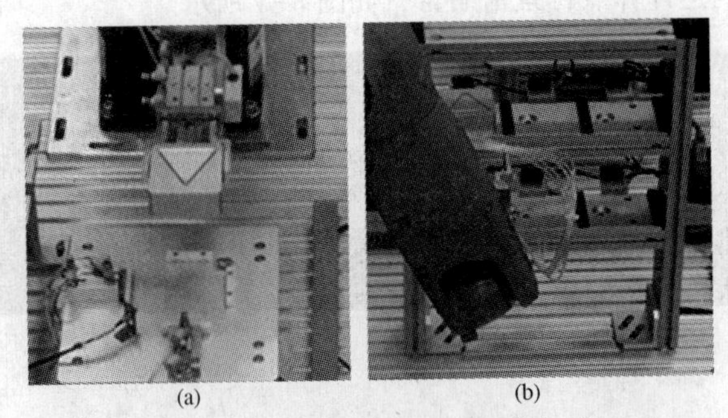

(a) (b)

图 8-5 金属物料放置在仓库上层

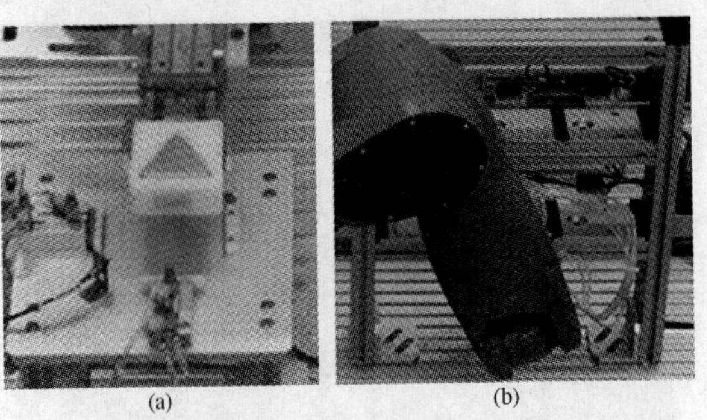

(a) (b)

图 8-6 非金属物料放置在仓库下层

2. 项目分析

本套系统流程为在传送带上任意放置物料，视觉检测系统判断物料，物料若为 ABB 工作站物料，则物料通过传送带输送到 ABB 工作站；若为 KUKA 工作站物料，则视觉系统判断物料是 NG 物料还是 OK 物料，NG 物料进行码垛；OK 物料进行三角形贴合，贴合后的物料检测是否是金属，是金属进行模拟焊接，然后放置到立体仓库上层，不是金属直接放置到立体仓库下层，具体的程序流程图如图 8-7 所示。

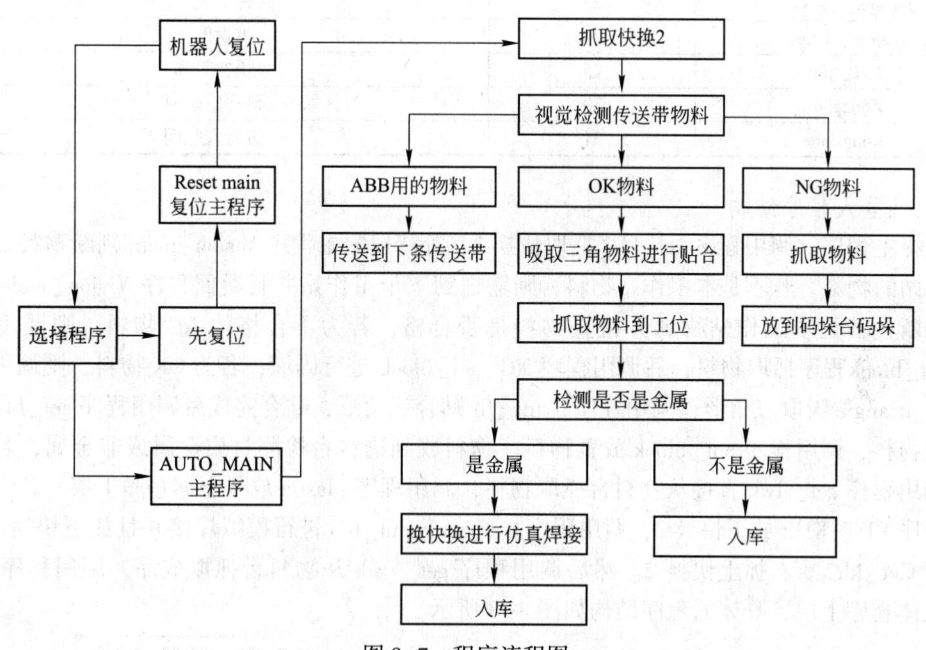

图 8-7 程序流程图

二、机器人工作站控制

1. 机器人输入输出 I/O 信号配置

(1) 机器人输入信号配置。机器人输入信号配置见表 8-1。

表 8-1 机器人输入信号配置

机器人输入信号	地址	备注
Ku1	30	立体仓库 1 号工位
Ku2	31	立体仓库 2 号工位
Ku3	32	立体仓库 3 号工位
Ku4	33	立体仓库 4 号工位
Ku5	34	立体仓库 5 号工位
Ku6	35	立体仓库 6 号工位
Wulioa	36	传送带检测是否有物料传送
Cailiao_ ganying	37	操作台传感器检测是否是金属材料
Kh1	38	检测快换夹手是否放回工具台
Kh_ tcp	39	检测快换夹手是否放回工具台
Cuansdai_ stop	42	传送带关闭

（2）机器人输出信号配置。机器人输出信号配置见表 8-2。

表 8-2　机器人输出信号配置

机器人输出信号	地址	备注
Jiazhua_ zhangkai	20	夹爪打开
Xipan_ xi	21	吸盘开启
KH_ song	22	快换放下
Jiazhua_ gaunbi	23	夹爪关闭
Xipan_ fang	24	吸盘停止
KH_ jin	25	快换吸和
Zhenglie	30	整列位感应
Kongxian	31	机器人空闲

2. 机器人程序结构

选择主程序，调用程序 get_ kh2 抓取快换 2，等待视觉主程序 Vision_ main 判断物料是否为本工作站的物料。若不是本工作站物料，则输送到下个工作站并且跳回程序 Vision_ main 进行下个判断；若是本工作站物料并检查物料是否合格，若为不合格的 NG 物料，则调用程序 NG_ get_ block程序抓取物料，后调用程序 NG_ get_ block 进行码垛；若为 OK 物料，则调用程序 suction_ triangle 吸取三角形，调用程序 flying_ fit 贴合三角形，贴合完成后调用程序 get_ block 抓取完成物料，调用程序 put_ block 放置物料。物料放到物料台检测材质金属或非金属，若为非金属调用程序 get_ zlwk 直接从物料台抓取物料，调用程序 plastic 放入立体仓库下层。若为金属调用程序 PUT-KH2 放下快换 2，调用程序 Get_ and_ put_ tcp 进行模拟焊接并且放下快换 1，调用程序 Get_ kh2 重新抓上快换 2。然后调用程序 get_ zlwk 从物料台抓取成品，调用程序 metal 放入立体仓库上层，具体的程序结构如图 8-8 所示。

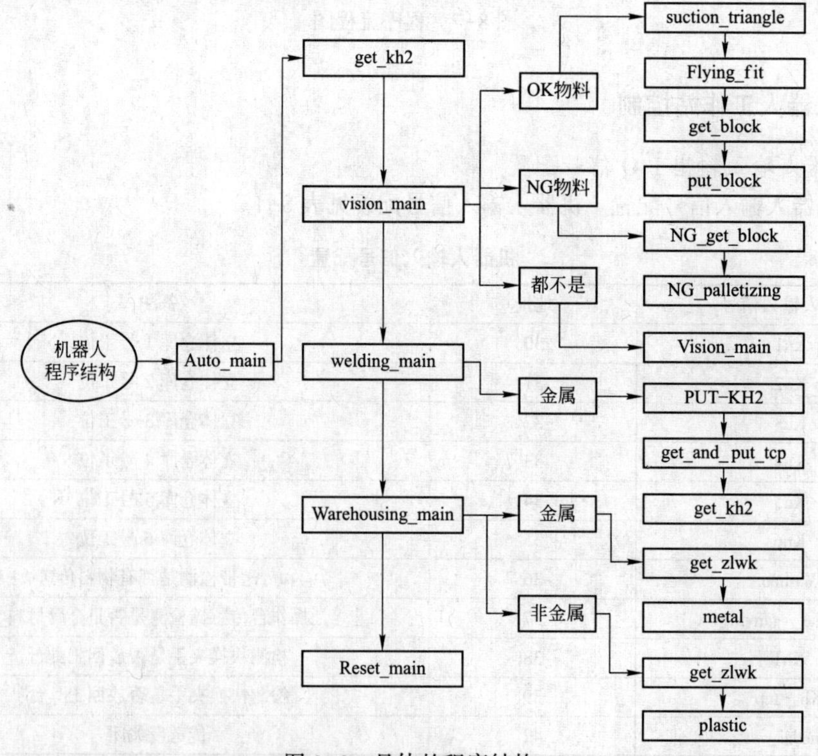

图 8-8　具体的程序结构

3. 机器人程序编写

（1）程序模块（见图 8-9）。

1）模拟焊接程序。

2）视觉通信调用文件，不要随意修改。

3）程序点为全局点，主要试教此程序的点，其他程序用的都是调用这里的点。

4）抓和放工具夹爪。

5）程序复位。

6）视觉拍摄检测物料。

7）物料入库。

8）自动主程序。

（2）模拟焊接程序（见图 8-10）。

1. Analog_welding
2. CCD
3. dianshijiao
4. Quick_change
5. Reset_main
6. Visual_inspection
7. Warehousing
8. auto_main.src

图 8-9　整体程序模块

```
welding_main()
1  DEF welding_main( )
2  INI
3  WAIT Time=1 sec
4    IF $IN[37] == TRUE THEN ;panduan cailiao
5      put_kh2 ()
6      get_and_put_tcp ()
7      get_kh2 ()
8    ENDIF
9  RETURN
10 END
```

图 8-10　模拟焊接程序

1）在 welding_ main. src 源文件中定义焊接主程序。

2）INI 为模拟焊接初始化程序。

3）等待 1s。

4）4~7 行程序，IF 判断语句，如果信号 37（检测是否是金属）。

5）如果是金属调用 PUT-KH2（放下夹快换 2）程序。

6）调用抓、快换 tcp 模拟焊接，并且放下快换 tcp。

7）然后调用抓、快换 2 程序。

8）结束 IF 判断。

9）返回。

10）结束。

（3）CCD 程序。CCD 程序是一个视觉通信程序，如图 8-11 所示。

```
Sensor_ccd(ID_Number:IN)
1  DEF Sensor_ccd(ID_Number:IN)
2  DECL INT ID_Number
3  INI
4  CCD_ID=ID_Number
5  $CYCFLAG[1]=((CCD_ID==1) OR (CCD_ID==2))
6  WAIT SEC 0.5
7  WAIT FOR ($CYCFLAG[1]==TRUE)
8
9  connection Initialze and Open
10 RePhoto:
11 CCD photo trigger By Ethernet
12
13 WAIT FOR $FLAG[19]
14 "Counter<1" OR "Counter>2",Rephoto again;"Counter=1" OR "Counter=2",Get Pos data
15
16 connection Colse
17 END
```

图 8-11　CCD 程序

(4) 全局的变量点空间坐标文件。全局的变量点空间坐标文件存放全局的变量点空间坐标程序，全局的变量点空间坐标程序如图 8-12 所示。

```
ceshidian( )
1  DEF ceshidian( )
2  INI
3
4  ;ruku
5  LIN safe_rukudian Vel=2 m/s CPDAT7 Tool[0] Base[0]
6  LIN_REL {x 150}
7  PTP safe Vel=50 % PDAT1 Tool[0] Base[0]
8  ;ruku
9
10   ;NGmaduo
11 LIN ma Vel=0.2 m/s CPDAT3 Tool[0] Base[0]
12 LIN_REL {Z 100}
13 PTP maduo_up Vel=30 % PDAT4 Tool[0] Base[0]
14   ;NGmaduo
15
16   ;sanjiao
17 LIN jiqiren Vel=2 m/s CPDAT9 Tool[6]:shenjishi_xipan_NO Base[0]
18 LIN_REL {Z 100}
19 PTP jiqiren_up Vel=50 % PDAT8 Tool[6]:kuaihuan_xipan Base[0]
20
21
22 LIN chuansongdai Vel=2 m/s CPDAT5 Tool[6]:kuaihuan_xipan Base[0]
23 LIN_REL {Z 100}
24 PTP chuansongdai_up Vel=50 % PDAT10 Tool[6]:kuaihuan_xipan Base[0]
25
26 LIN xiancao Vel=2 m/s CPDAT4 Tool[6]:kuaihuan_xipan Base[0]
27 LIN_REL {Z 100}
28 PTP xiancao_up Vel=50 % PDAT12 Tool[6]:kuaihuan_xipan Base[0]
29 ;sanjiao
30 END
```

图 8-12 全局的变量点空间坐标程序

ceshidian（ ）说明如下。

1）第 5 行，safe_ rkudian 为一号物料入库的到达点。

2）第 6 行，基于 safe_ rkudian X 方向偏移 150mm。

3）第 7 行，偏移后的点即为点 safe。

4）第 11 行，NG 物料在平台码垛第一个物料的放置点 ma。

5）第 12 行，基于点 ma，Z 方向偏移 100mm。

6）第 13 行，偏移后的点即为点 maduo_ up（物料正上方的点）

7）第 17~28 行，此段程序是吸三角形的 3 个角的点，分别是每个角的到达点和临近点。

(5) 抓放快换 get_ and_ put_ tcp 程序（见图 8-13）。

```
get_and_put_tcp( )
1  DEF get_and_put_tcp( )
2  INI
3  WAIT FOR ( IN 39 'kh_tcp' ) CONT
4  PTP kh CONT Vel=50 % PDAT13 Tool[0] Base[0]
5  PTP kh1_up CONT Vel=50 % PDAT15 Tool[0] Base[0]
6  SYN OUT 25 'kh_jin' State=FALSE at START Delay=5 ms
7  SYN PULSE 22 'kh_song' State=TRUE Time=0.5 sec at START Delay=15 ms
8
9  LIN kh_1 Vel=0.2 m/s CPDAT32 Tool[0] Base[0]
10 PULSE 25 'kh_jin' State=TRUE Time=0.5 sec
11 LIN kh1_up_hou CONT Vel=0.4 m/s CPDAT33 Tool[8]:kuaihuan_tcp Base[0]
12
13 PTP hanjieguodu_4 CONT Vel=50 % PDAT20 Tool[8] Base[0]
14 PTP hanjieguodu_2 CONT Vel=50 % PDAT10 Tool[8]:kuaihuan_tcp Base[0]
15
16 PTP hanjie_up CONT Vel=50 % PDAT8 Tool[8]:kuaihuan_tcp Base[0]
17
18   IF ((fanxiang.a<=90) OR (fanxiang.a>=270)) then
19 LIN zhengsanjiao_1 Vel=0.2 m/s CPDAT18 Tool[8]:kuaihuan_tcp Base[0]
20 LIN zhengsanjiao_2 CONT Vel=0.2 m/s CPDAT29 Tool[8]:kuaihuan_tcp Base[0]
21 LIN zhengsanjiao_3 CONT Vel=0.2 m/s CPDAT30 Tool[8]:kuaihuan_tcp Base[0]
22 LIN zhengsanjiao_1 CONT Vel=0.2 m/s CPDAT31 Tool[8]:kuaihuan_tcp Base[0]
23   else
24 LIN fansanjiao_1 Vel=0.2 m/s CPDAT25 Tool[8]:kuaihuan_tcp Base[0]
25 LIN fansanjiao_2 CONT Vel=0.2 m/s CPDAT26 Tool[8]:kuaihuan_tcp Base[0]
26 LIN fansanjiao_3 CONT Vel=0.2 m/s CPDAT27 Tool[8]:kuaihuan_tcp Base[0]
27 LIN fansanjiao_1 CONT Vel=0.2 m/s CPDAT28 Tool[8]:kuaihuan_tcp Base[0]
28   endif
29
30 PTP hanjie_up CONT Vel=50 % PDAT14 Tool[8]:kuaihuan_tcp Base[0]
31
32 PTP hanjieguodu_6 CONT Vel=50 % PDAT23 Tool[8]:shenjishi Base[0]
33    ;fang tcp
34 WAIT FOR NOT ( IN 39 'kh_tcp' ) CONT
35 PTP kh5_up CONT Vel=50 % PDAT24 Tool[0] Base[0]
36 LIN kh_9 Vel=0.2 m/s CPDAT44 Tool[0] Base[0]
37 SYN PULSE 22 'kh_song' State=TRUE Time=0.5 sec at START Delay=0 ms
38 LIN kh5_up_hou CONT Vel=0.4 m/s CPDAT41 Tool[8]:shenjishi Base[0]
39 RETURN
40 END
```

图 8-13 抓放快换 1 程序

get_ and_ put_ tcp（）说明如下。

1）第 3 行，当信号 39。

2）第 4 行，到达两个工具台上方的过渡点 KH。

3）第 5 行，到达点 kh1_ up（快换 1 正上放到的点）。

4）第 6 行，复位信号 25。

5）第 7 行，复位信号 22。

6）第 9 行，到达点 kh1（抓快换的点）。

7）第 10 行，激活信号 25 激活 0.5s 快换锁定。

8）第 11 行，回到点 kh1（抓快换的点）。

9）第 13~14 行，规避点。

10）第 16 行，到达点 hanjie_ up（模拟焊接台上方正上方）。

11）第 18~28 行，由于模拟焊接有两个方向，第 19~22 行为一个方向；第 24~27 行，为另一个方向。

12）第 30 行，回到 hanjie_ up（模拟焊接台上方正上方）。

13）第 32 行，过渡点。

14）第 34~38 行，放下快换 1。

（6）快换 2 号夹手的配套程序 get_ kh2（见图 8-14）。

```
get_kh2( )
1  DEF get_kh2( )
2  INI
3  WAIT FOR ( IN 38 'kh_2' ) CONT
4
5  PTP kh CONT Vel=50 % PDAT3 Tool[0] Base[0]
6  SYN OUT 25 'kh_jin' State=FALSE at START Delay=5 ms
7  SYN PULSE 22 'kh_song' State=TRUE Time=0.5 sec at START Delay=15 ms
8  PTP kh2_up CONT Vel=50 % PDAT5 Tool[0] Base[0]
9
10 LIN kh_2 Vel=0.2 m/s CPDAT4 Tool[0] Base[0]
11 PULSE 25 'kh_jin' State=TRUE Time=0.5 sec
12
13
14 LIN kh2_up CONT Vel=0.2 m/s CPDAT10 Tool[0] Base[0]
15 PTP kh CONT Vel=50 % PDAT4 Tool[0] Base[0]
16 RETURN
17 END
```

图 8-14　get_ kh2 程序

get_ kh2（ ）说明如下。

1）第 3 行，如果工具台感受到夹爪信号，进行下一步。

2）第 5 行，到达两个工具台上方的过渡点 KH。

3）第 6 行，信号 25 复位。

4）第 7 行，产生脉冲信号。

5）第 8 行，到达点 kh2_ up（快换 2 正上放到的点）。

6）第 10 行，到达点 kh2（抓快换的点）。

7）第 11 行，激活信号 25，激活 0.5s 快换锁定。

8）第 14 行，回到点 kh2_ up（快换 2 正上放到的点）。

9）第 15 行，回到 KH 点。

（7）快换 put_ kh2 程序（见图 8-15）。

put_ kh2（ ）说明如下。

1）第 3 行，等带信号 38 为假（及 2 号快换台无工具）。

```
put_kh2()
1  DEF put_kh2( )
2  INI
3  WAIT FOR NOT ( IN 38 'kh_2' ) CONT
4
5  PTP kh CONT Vel=50 % PDAT7 Tool[0] Base[0]
6
7  PTP kh12_up CONT Vel=50 % PDAT12 Tool[0] Base[0]
8  LIN kh_9 Vel=0.2 m/s CPDAT19 Tool[0] Base[0]
9  PULSE 22 'kh_song' State=TRUE Time=0.5 sec
10 LIN kh11_up CONT Vel=0.2 m/s CPDAT20 Tool[0] Base[0]
11 RETURN
12 END
```

图 8-15 快换 put_kh2 程序

2）第 5 行，到达两个工具台上方的过渡点 KH。

3）第 6 行，到达点 kh2_up（快换 2 正上放到的点）。

4）第 8 行，到达点 kh2（抓快换的点）。

5）第 9 行，激活信号 22 激活 0.5s 快换解锁。

6）第 10 行，回到点 kh2_up（快换 2 正上放到的点）。

（8）复位主程序 Reset_main（见图 8-16）。

```
Reset_main()
1  DEF Reset_main( )
2  INI
3  number = 1
4  maduo = 1
5  PTP HOME Vel=50 % DEFAULT
6  OUT 31 'kongxian' State=FALSE CONT
7  SYN OUT 33 'Alarm' State=FALSE at START Delay=20 ms
8  IF $IN[39] == FALSE THEN
9     put_tcp ()
10 else
11    IF $IN[38] == FALSE THEN
12       put_kh2 ()
13 ENDIF
14 ENDIF
15 PTP HOME Vel=50 % DEFAULT
16 RETURN
17 END
```

图 8-16 复位主程序

Reset_main（ ）说明如下。

1）第 3 行，给变量 numbe = 1 赋值。

2）第 4 行，给变量 maduo = 1 赋值。

3）第 5 行，回到原点 HOME。

4）第 6 行，机器人空闲。

5）第 7 行，复位报警信号 33。

6）第 8 行，如果信号 39 为假。

7）第 9 行，调用放下 TCP 指令。

8）第 11 行，如果信号 38 为假。

9）第 12 行，调用放下夹手 2。

10）第 15 行，回到原点。

（9）视觉检测物料 NG_get_block 程序（见图 8-17）。

NG_get_block（ ）说明如下。

```
Reset_main()
1  DEF Reset_main( )
2  INI
3  number = 1
4  maduo = 1
5  PTP HOME Vel=50 % DEFAULT
6  OUT 31 'kongxian' State=FALSE CONT
7  SYN OUT 33 'Alarm' State=FALSE at START Delay=20 ms
8  IF $IN[39] == FALSE THEN
9     put_tcp ()
10 else
11    IF $IN[38] == FALSE THEN
12       put_kh2 ()
13 ENDIF
14 ENDIF
15 PTP HOME Vel=50 % DEFAULT
16 RETURN
17 END
```

图 8-17 视觉检测物料 NG_ get_ block 程序

1）第 3 行，到达过渡点 NG_ guodu。
2）第 4 行，信号 23 复位。
3）第 5 行，信号 20 激活 0.5s。
4）第 6 行，如果视觉判断角度≤180°。
5）第 7~8 行，赋值给变量 framepos，机器人 A 方向和 Y 方向，改变姿态。
6）第 10 行，赋值给变量 framepos，机器人 Y 方向和改变。
7）第 12~14 行，赋值给变量 framepos，并修改机器人方向和姿态。
8）第 15~17 行，以轨迹速度 0.2m/s 轨迹加速度 $0.5m/s^2$ 到达点 linFA。
9）第 18~20 行，以轨迹速度 0.2m/s 轨迹加速度 $0.5m/s^2$ 到达点 lin_ rel（Z-80）。
10）第 21 行，激活信号 23 夹爪关闭。
（10）NG 物块码垛程序（见图 8-18）。

```
NG_get_block()
1  DEF NG_get_block( )
2  INI
3  PTP NG_guodu CONT Vel=50 % PDAT0 Tool[10]:shijue Base[0]
4  SYN OUT 23 'jiazhua_guanbi' State=FALSE at START Delay=5 ms
5  SYN PULSE 20 'jiazhua_zhangkai' State=TRUE Time=0.5 sec at START Del
6  IF framepos[2].a<=180 then
7     framepos[2].a=framepos[2].a+180
8     framepos[2].y=framepos[2].y-2
9  else
10    framepos[2].x=framepos[2].x-3
11 endif
12    framepos[2].b=0
13    framepos[2].c=-180
14    framepos[2].z=250
15      $VEL.CP = 0.5
16      $ACC.CP = 0.5
17      LIN framepos[2] C_DIS
18        $VEL.CP = 0.2
19        $ACC.CP = 0.5
20        LIN_REL {Z -90}
21 PULSE 23 'jiazhua_guanbi' State=TRUE Time=0.5 sec
22       ; $TOOL=TOOL_data[10]
23        ; $VEL.CP = 0.5
24        ; $ACC.CP = 0.5
25        ; LIN framepos[2]
26 RETURN
27 END
```

图 8-18 NG 物块码垛 NG_ palletizing 程序

NG_ palletizing（ ）说明如下。
1）第 3~19 行，NG 物块（不合格产品）的码垛位置堆放定义。

2）第 20~21 行，等待 3s，回到复位程序。

3）第 23~24 行，定义码垛计数器，工具坐标及运行速度，并移到相应位置。

4）第 25~27 行，以轨迹速度 0.5m/s 轨迹加速度 0.5m/s^2 到达点 framepos。

5）第 28 行，码垛移动的过渡位置。

6）第 29 行，移动到码垛台上方的位置。

7）第 30 行，定义工具坐标。

8）第 31 行，达到点 maduo_safe。

9）第 32~34 行，定义工具坐标，移动速度。

10）第 35 行，基于点 maduo_safe 在 Z 方向偏移-102 距离。

11）第 36 行，给“jiazhua_zhangkai”一个为 1 的脉冲信号。

12）第 37~39 行，以轨迹速度 0.5m/s 轨迹加速度 0.5m/s^2 到达点 maduo_safe 40，移到码垛位置的过度点。

13）第 41 行，移到机器人的中间点。

14）第 42 行，给“kongxian”一个为真的脉冲信号。

15）第 43 行，调用视觉主程序。

（11）OK 物块码垛 Flying_fit 程序（见图 8-19）。

```
Flying_fit()
1  DEF Flying_fit( )
2  INI
3    IF ((framepos[2].a>=210) AND (framepos[2].a<=330))then
4       framepos[2].a=framepos[2].a-457
5       ;framepos[2].y=framepos[2].y-2
6       framepos[2].x=framepos[2].x-2
7    else
8      IF ((framepos[2].a<210) AND (framepos[2].a>=90)) then
9         framepos[2].a=framepos[2].a-275
10        framepos[2].x=framepos[2].x-3
11        framepos[2].y=framepos[2].y-3
12     else
13        framepos[2].a=framepos[2].a-180
14        framepos[2].x=framepos[2].x-3
15        framepos[2].y=framepos[2].y-3
16     endif
17   endif
18     framepos[2].b=0
19     framepos[2].c=-90
20     framepos[2].z=300
21       $TOOL=TOOL_data[6]
22       $VEL.CP = 1
23       $ACC.CP = 0.5
24       LIN framepos[2] C_DIS
25         $VEL.CP = 0.2
26         $ACC.CP = 0.5
27         LIN_REL {Z -113}
28 PULSE 24 'xipan_fang' State=TRUE Time=0.5 sec
29         ;$VEL.CP = 0.5
30         ;$ACC.CP = 0.5
31         ;LIN framepos[2] C_DIS
32 RETURN
33 PTP Fiying CONT Vel=50 % PDAT1 Tool[6]:kuaihuan_xipan Base[0]
34 END
```

图 8-19　OK 物块码垛 Flying_ fit 程序

Flying_ fit（）程序说明如下。

1）第 1~13 行，IF 函数，根据三角形方块的位置来决定三角形物块放置的位置。

2）第 14~20 行，根据位置定义机器人引动的速度，三角形转动的方向和角度，并移到相应位置的上方。

3）第 21~23 行，定义机器人轨迹速度 0.5m/s 和轨迹加速度 $0.5m/s^2$，并基于点 framepos 向 Z 方向偏移-113。

4）第 24 行，给“xipan_fang”一个脉冲为真的信号。

5）第 29 行，回到过渡位置的点。

（12）抓物块 get_block 程序（见图 8-20）。

```
get_block( )
1  DEF get_block( )
2  INI
3          $TOOL=TOOL_data[6]
4          $VEL.CP = 0.5
5          $ACC.CP = 0.5
6          LIN framepos[2] C_DIS
7  PTP jiawukuai_guodudian CONT Vel=50 % PDAT1 Tool[10]:kuaihuan_shujue Base[0]
8  SYN OUT 23 'jiazhua_guanbi' State=FALSE at START Delay=5 ms
9  SYN PULSE 20 'jiazhua_zhangkai' State=TRUE Time=0.5 sec at START Delay=25 ms
10   IF dianA.a>=270 then
11      framepos[2].a=dianA.a-90
12     ; framepos[2].y=framepos[2].y+2
13   else
14      IF dianA.a>=180 then
15         framepos[2].a=dianA.a-270
16         framepos[2].y=framepos[2].y+2
17      else
18         IF dianA.a>=90 then
19            framepos[2].a=dianA.a-270
20            framepos[2].y=framepos[2].y+2
21         else
22            framepos[2].a=dianA.a-90
23            framepos[2].y=framepos[2].y+2
25      endif
26   endif
27 framepos[2].b=0
28 framepos[2].c=-180
29 framepos[2].z=250
30   $VEL.CP = 1
31   $ACC.CP = 0.5
32   LIN framepos[2] C_DIS
33     $VEL.CP = 0.2
34     $ACC.CP = 0.5
35     LIN_REL {Z -90}
36 PULSE 23 'jiazhua_guanbi' State=TRUE Time=0.5 sec
37       ; $VEL.CP = 0.5
38       ; $ACC.CP = 0.5
39       ; LIN framepos[2]
40 RETURN
41 END
```

图 8-20　抓物块 get_ block 程序

get_block（ ）程序说明如下。

1）第 1 行，定义抓物块程序。

2）第 3~6 行，定义机器人工具坐标及轨迹速度和轨迹加速度。并且以定义的坐标和速度到达点 framepos。

3）第 7 行，动作运行的过度点。

4）第 8 行，给信号 23 为假的脉冲，复位信号。

5）第 9 行，给信号 20 为真的脉冲，夹爪关闭。

6）第 10~26 行，IF 函数，视觉检测不同角度，并根据不同角度赋值给变量 framepos。

7）第 27~35 行，根据变量算出抓取点并移到相应位置。

8）第 36 行，给个信号 23 为真的脉冲（夹爪关闭）。

9）第 37~39 行，定义速度并移到相应位置。

（13）放物块 put_block 程序（见图 8-21）。

put_block（ ）说明如下。

1）第 3 行，接收到输入 36 的信号。

2）第 4 行，等待 0.3s。

3）第 5 行，结束 WHILE 语句。

```
put_block()
1  DEF put_block( )
2  INI
3    WHILE $IN [36] == TRUE
4  WAIT Time=0.3 sec
5    ENDWHILE
6        $TOOL=TOOL_data[10]
7        $VEL.CP = 0.8
8        $ACC.CP = 0.5
9        LIN framepos[2] C_DIS
10 PTP zhenglie_guodu CONT Vel=50 % PDAT3 Tool[10]:kuaihuan_shujue Base[0]
11 PTP zhenglie_up CONT Vel=50 % PDAT4 Tool[10]:kuaihuan_shujue Base[0]
12 SYN OUT 1 'zhenglie' State=FALSE at START Delay=20 ms
13 LIN zhenglie Vel=0.2 m/s CPDAT3 Tool[10]:shijue Base[0]
14 PULSE 20 'jiazhua_zhangkai' State=TRUE Time=0.5 sec
15 SYN OUT 30 'zhenglie' State=TRUE at END Delay=-5 ms
16 LIN zhenglie_up CONT Vel=0.5 m/s CPDAT4 Tool[10]:kuaihuan_shujue Base[0]
17 RETURN
18 END
```

图 8-21 放物块 put_ block 程序

4）第 6~9 行，定义机器人工具坐标及运行速度的定义并且以这个工具坐标和速度到达点 framepos。

5）第 10 行，机器人运行动作的过度点。

6）第 11 行，目标点的上方。

7）第 12 行，给工具一个信号为 0 脉冲信号。

8）第 13 行，到达目标点。

9）第 14 行，给信号 20 为假的脉冲信号，复位信号 20。

10）第 15 行，给为信号 30 为真的脉冲信号，夹爪关闭。

11）第 16 行，到达目标点。

12）第 17 行，返回。

（14）吸取三角形 Suction_ triangle 程序（见图 8-22）。

Suction_ triangle （ ）说明如下。

1）第 3 行，关闭 xi_ pan（吸盘）“吸”的脉冲信号，脉冲信号时间为 10ms。

2）第 4 行，给 xi_ pan（吸盘）一个脉冲为“放”的脉冲，信号延时 15ms。

3）第 5 行，三角形 P1 点靠近机器人位置。

4）第 6 行，三角形 P2 点靠近传送带位置。

5）第 7 行，三角形 P3 点靠近线槽位置。

6）第 9~22 行，IF 函数，当某个条件成立，吸盘将会吸附三角形不同的点。“jiao1”“jiao2”“jiao3”分别代表不同的吸附点程序。

7）第 23 行，给 number 一个定义。

8）第 26~64 行，机器人吸附三角形不同的角，其中第 27 行，第 40 行，第 53 行，为机器人移动到过度点。

（15）视觉主程序 Vision_ main（见图 8-23）。

Vision_ main （ ）说明如下。

1）第 3~4 行，检测输入信号 42 为“FALSE”，结束这个函数。

2）第 6 行，复位信号 31，让信号 31 为假。

3）第 7 行，调用程序 sensor_ ccd（调用视觉程序 2 号相机）。

4）第 8~10 行，视觉赋值给变量。

5）第 12 行，如果类型是 OK 料。

6）第 13 行，调用 suction_ triangle 程序。

```
Suction_triangle()
1  DEF Suction_triangle( )
2  INI
3  SYN OUT 21 'xipan_xi' State=FALSE at START Delay=10 ms
4  SYN PULSE 24 'xipan_fang' State=TRUE Time=0.1 sec at START Delay=15 ms
5     sanjiaoP1=Xjiqiren_up
6     sanjiaoP2=Xchuansongdai_up
7     sanjiaoP3=Xxiancao_up
8
9  IF ((framepos[2].a>=210) AND (framepos[2].a<=330)) then
10    sanjiaoP1.x= sanjiaoP1.x+65*number
11    jiao1 ()
12 else
13    IF ((framepos[2].a<210) AND (framepos[2].a>=90)) then
14       sanjiaoP3.x= sanjiaoP3.x+65*number
15       jiao3 ()
16    else
17       IF ((framepos[2].a<90) OR (framepos[2].a>330)) then
18          sanjiaoP2.x= sanjiaoP2.x+65*number
19          jiao2 ()
20       endif
21    endif
22 endif
23 number = number+1
24 RETURN
25 END
26 DEF jiao1 ()
27 PTP xisanjiao_guodu CONT Vel=50 % PDAT5 Tool[6]:kuaihuan_xipan Base[0]
28      $VEL.CP = 1
29      $ACC.CP = 0.5
30      LIN sanjiaoP1 C_DIS
31        $VEL.CP = 0.2
32        $ACC.CP = 0.5
33        LIN_REL {Z -100}
34 PULSE 21 'xipan_xi' State=TRUE Time=0.5 sec
35          $VEL.CP = 0.5
36          $ACC.CP = 0.5
37          LIN sanjiaoP1 C_DIS
38 END
39 DEF jiao2 ()
40 PTP xisanjiao_guodu CONT Vel=50 % PDAT8 Tool[6]:kuaihuan_xipan Base[0]
41       $VEL.CP = 1
42       $ACC.CP = 0.5
43       LIN sanjiaoP2 C_DIS
44         $VEL.CP = 0.2
45         $ACC.CP = 0.5
46         LIN_REL {Z -100}
47 PULSE 21 'xipan_xi' State=TRUE Time=0.5 sec
48       $VEL.CP = 0.5
49       $ACC.CP = 0.5
50       LIN sanjiaoP2 C_DIS
51 END
52 DEF jiao3 ()
53 PTP xisanjiao_guodu CONT Vel=50 % PDAT9 Tool[6]:kuaihuan_xipan Base[0]
54       $VEL.CP = 1
55       $ACC.CP = 0.5
56       LIN sanjiaoP3 C_DIS
57         $VEL.CP = 0.2
58         $ACC.CP = 0.5
59         LIN_REL {Z -100}
60 PULSE 21 'xipan_xi' State=TRUE Time=0.5 sec
61       $VEL.CP = 0.5
62       $ACC.CP = 0.5
63       LIN sanjiaoP3 C_DIS
64 END
```

图 8-22　吸取三角形 Suction_ triangle 程序

```
Vision_main()
1  DEF Vision_main( )
2  INI
3    WHILE $IN[42] == FALSE
4    ENDWHILE
5
6  WAIT Time=0.7 sec
7  OUT 31 'kongxian' State=FALSE CONT
8  sensor_ccd(2)
9  dianA.a = framepos[2].a
10 fang.a = framepos[2].a
11 fanxiang.a = framepos[2].a
12
13   IF framepos[2].c==1 then
14     Suction_triangle()
15     Flying_fit ()
16     get_block ()
17     put_block ()
18   else
19     IF framepos[2].c==2 then
20        NG_get_block ()
21        NG_palletizing ()
22     else
23 OUT 31 'kongxian' State=TRUE CONT
24 WAIT Time=3 sec
25        Vision_main ()
26     ENDIF
27   ENDIF
28
29 END
```

图 8-23　视觉主程序 Vision_ main

7）第 14 行，调用 flying_fit 程序。

8）第 15 行，调用 get_block 程序。

9）第 16 行，调用 put_block 程序。

10）第 18 行，如果类型为 2 就是 NG 料。

11）第 19 行，调用 NG_get_block 程序。

12）第 20 行，调用 NG_palletizing 程序。

13）第 22 行，激活信号 31。

14）第 23 行，等待 3s。

15）第 24 行，调用 Vision_main（视觉主程序）。

技能综合训练

一、机器人工作站集成应用任务书

<table>
<tr><td>姓名</td><td></td><td>项目名称</td><td>机器人工作站集成应用</td></tr>
<tr><td>指导教师</td><td></td><td>同组人员</td><td></td></tr>
<tr><td>计划用时</td><td></td><td>实施地点</td><td></td></tr>
<tr><td>时间</td><td></td><td>备注</td><td></td></tr>
<tr><td colspan="4">任务内容</td></tr>
<tr><td colspan="4">1. 掌握 KUKA 机器人工作站的构成。
2. 掌握 KUKA 结构化程序设计原理。
3. 掌握贴合、搬运、码垛、模拟焊接、模拟仓储等工艺的基本要求。
4. 设计 KUKA 机器人工作站集成应用的程序流程图。
5. 设计 KUKA 机器人工作站集成应用程序结构。
6. 学会设计贴合、搬运、码垛、模拟焊接等机器人控制子程序。</td></tr>
<tr><td rowspan="6">考核内容</td><td colspan="3">KUKA 机器人工作站的构成</td></tr>
<tr><td colspan="3">KUKA 结构化程序设计原理</td></tr>
<tr><td colspan="3">贴合、搬运、码垛、模拟焊接、模拟仓储等工艺的基本要求</td></tr>
<tr><td colspan="3">画出 KUKA 机器人工作站集成应用的程序流程图</td></tr>
<tr><td colspan="3">画出 KUKA 机器人工作站集成应用的程序结构图</td></tr>
<tr><td colspan="3">在 KRL 编辑器，设计与输入贴合、搬运、码垛、模拟焊接等机器人控制子程序</td></tr>
<tr><td>资料</td><td colspan="2">工具</td><td>设备</td></tr>
<tr><td>教材</td><td colspan="2"></td><td rowspan="4">KUKA 机器人工作站</td></tr>
<tr><td>课件</td><td colspan="2"></td></tr>
<tr><td></td><td colspan="2"></td></tr>
<tr><td></td><td colspan="2"></td></tr>
</table>

二、机器人工作站集成应用任务完成报告表

姓名		任务名称	机器人工作站集成应用
班级		同组人员	
完成日期		分工任务	

（一）填空题

1. KUKA 工业机器人工作站主要由__________、__________、__________、__________等组成。
2. 贴合工艺的要求________________________________。
3. 搬运工艺的要求________________________________。
4. 码垛工艺的要求________________________________。
5. 模拟焊接工艺的要求________________________________。
6. 模拟仓储工艺的要求________________________________。

（二）程序流程图

1. 画出 KUKA 机器人工作站集成应用程序流程图。

2. 画出贴合控制程序流程图。

（三）画结构图

1. 画出 KUKA 机器人工作站集成应用程序结构图。

2. 画出码垛控制程序结构图。

（四）实验题

1. KUKA 机器人工作站贴合控制实验。

2. KUKA 机器人工作站搬运控制实验。

项目九 超磁机器人应用

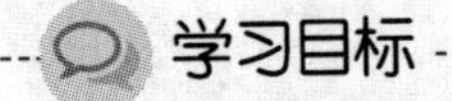

学习目标

(1) 了解磁悬浮减速机。

(2) 应用磁减速机关节模组。

任务14 应用一体化磁减速关节模组

基础知识

一、磁悬浮减速机

工业机器人主要由机械减速机、伺服系统、控制器、本体、执行机构等组成，减速机、伺服系统占了整体成本的55%，最核心的机械减速机有行星、谐波、RV这3种结构，目前使用的机械减速机，无法摆脱机械摩擦带来的精度下降问题，但磁悬浮减速机可以有效解决机器人系统因机械摩擦带来的精度下降问题。

1. 内差齿渐摆线机械减速器

内差齿渐摆线机械减速器如图9-1所示，由输入主轴、偏心轮、内差齿轮（比外齿轮齿数少1）、输出外齿轮等组成。输入轴与输出外齿轮轴同心。中心的输入主轴转动一圈，偏心轮转一圈，偏心轮带动内差齿轮相对外齿轮转动一对齿距。若输入转轴速度为 V_1，外齿轮齿数为 n_1，内齿数为 n_2，则外齿轮输出外齿轮转速降低为 V_2，减速比为 i，计算公式为

$$i=\frac{V_2}{V_1}=\frac{n_1-n_2}{n_1}=\frac{1}{n_1}$$

内差齿减速器的减速比为 $1/n_1$，外齿轮输出转速 V_2 为 V_1/n_1。

2. 磁减速机

磁减速机采用了内差齿渐摆线减速器结构，如图9-2所示，采用磁钢磁极代替了齿轮的齿，内圈磁钢和中间的磁骨架形成一个少极对数磁回路，同时中间的磁骨架也和外圈的磁钢形成一个多极对数磁回路，它们共圆心。静止时两个磁回路相互吸引相对平衡。当外力带动少极对数磁回路运转时，在单位时间内两个磁路的N-S-N-S-N……不断克服相邻磁极磁力作相对运动，类似齿轮啮合，内圈磁极对数小于外圈磁极对数，即形成了中心高速运转，外圈低速大扭矩输出。

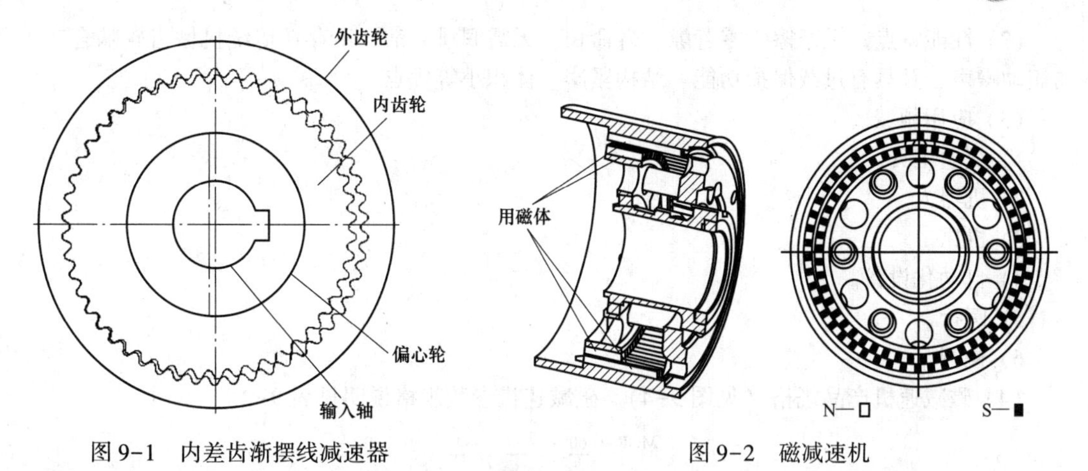

图 9-1　内差齿渐摆线减速器　　　　图 9-2　磁减速机

减速机产品比较见表 9-1。通过比较可知，磁减速机的减速比、转矩、外形可以任意设计，背隙可减少为 0，无摩擦、无温升，精度不会随使用的时间和负载而下降。

表 9-1　　　　**减速机产品比较**

产品	减速比	背隙（arcsec）	转矩（N·m）
磁减速机	1∶50.0	≤1.0	50
HD	1∶50.0	≤1.5	51
帝人	1∶52.5	≤23.0	54
绿的	1∶50.0	≤10.0	48

磁减速机可代替机械齿轮，具有良好的应用价值。它将成为机器人减速器发展的新产品。

3. 磁减速机性能

磁减速机（MGR）是一种高精度动力传递机构，将输入端的高转速降低到输出的低转速，同时增大转矩。

（1）实际磁减速机结构（见图 9-3）。深圳超磁机器人公司的磁减速机由输入轴、中间轴、磁齿轮、轴承、编码器总成、输出轴等组成。

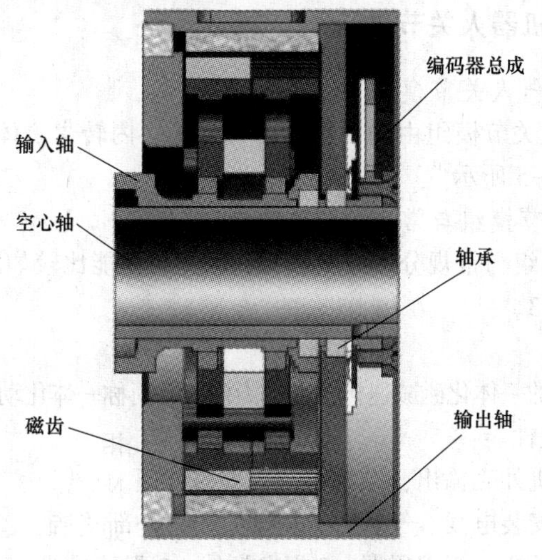

图 9-3　实际磁减速机结构

（2）性能特点。无摩擦、零背隙、寿命长，无需润滑清洁，不存在传统机械齿轮啮合产生的震动噪声，且具有过载保护功能、结构紧凑、体积小等优点。

（3）应用领域。

1）交通工具。

2）机器人。

3）机床。

4）自动化设备。

5）医疗。

6）检测。

（4）磁减速机产品规格（见图 9-4）。磁减速机参数规格说明见表 9-2。

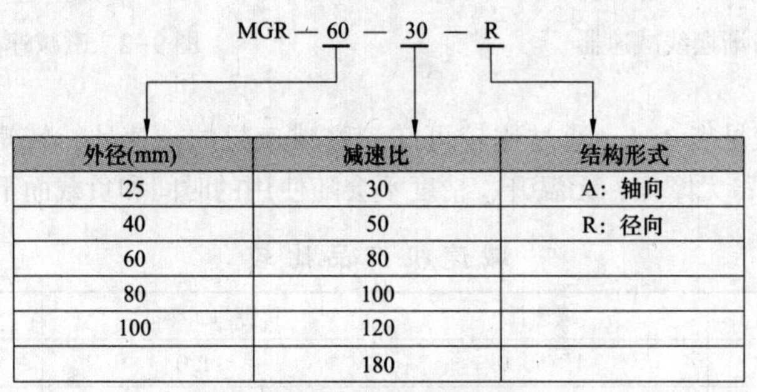

外径(mm)	减速比	结构形式
25	30	A：轴向
40	50	R：径向
60	80	
80	100	
100	120	
	180	

图 9-4　磁减速机产品规格

表 9-2　磁减速机参数规格

规格/型号	MGR-60-30-R	MGR-100-50-R
外径（mm）	60	100
减速比（1：N）	30	50
额定输出扭矩（N·m）	20	30
瞬间最大转矩（N·m）	25	36
重复精度（arcsec）	≤10	≤10

二、一体化磁减速机器人关节模组

1. 一体化磁减速机器人关节模组

一体化磁减速机器人关节模组由输出轴、内转铁芯、内转永磁体、外转永磁体、输入轴、伺服电机等组成，如图 9-5 所示。

2. 一体化磁减速关节模组与常规分体方案比较

一体化磁减速关节模组与常规分体方案相比，减速机性能比较如图 9-6 所示，关节模组体积减少 2/3，质量减少 1/3。

3. 一体化动力模组

深圳超磁机器人公司的一体化磁减速机器人动力模组，简称一体化动力模组，如图 9-7 所示。

（1）一体化动力模组性能：

1）外转输出。减速机外壳输出，结构牢固，安装方便。

2）内孔贯通。串联安装电线、气管等，内部紧凑，外部整洁。

3）出线极少。共 4 条线，双编码器，2 根电源线、2 根信号线。

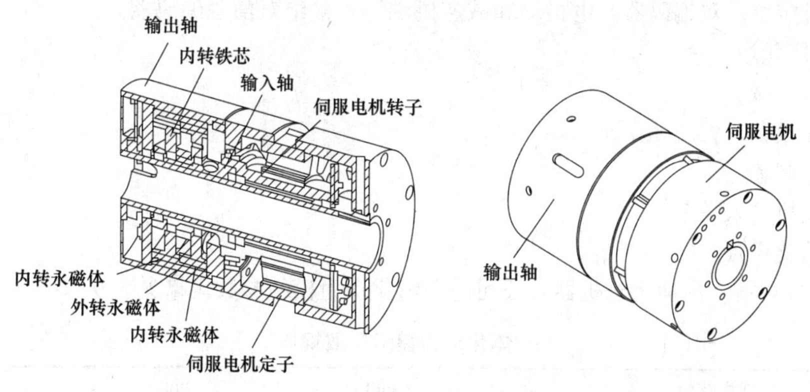

图 9-5　一体化磁减速机器人关节模组

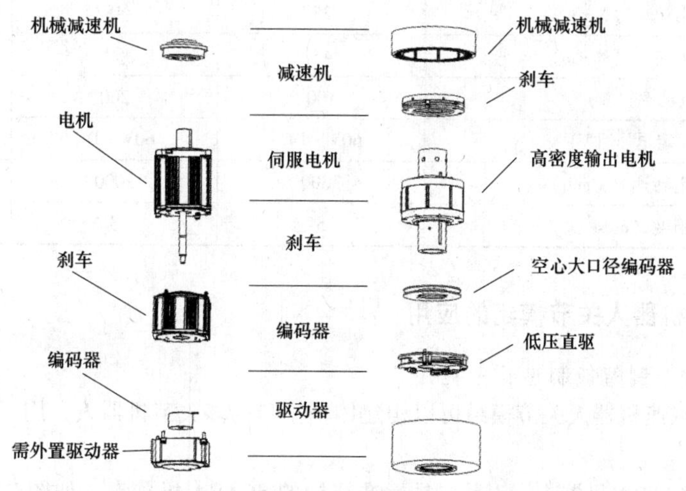

图 9-6　减速机性能比较

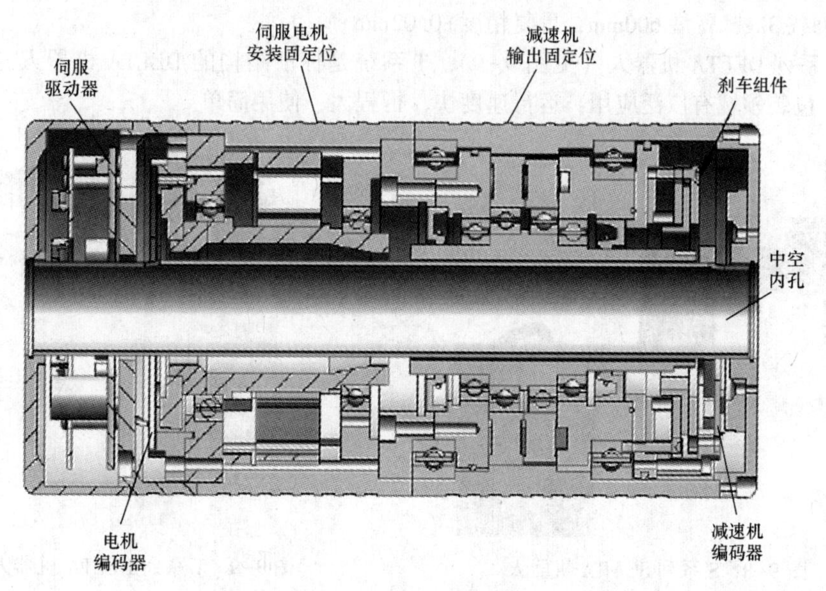

图 9-7　一体化动力模组

4）绝对定位。双编码器，电机端和减速机端均可接绝对值磁编码器。

（2）应用领域。

1）五金机械。

2）医疗设备。

3）机床制造。

4）各类机器人关节。

5）自动化设备。

（3）参数规格。深圳超磁机器人公司的一体化动力模组参数规格见表9-3。

表9-3　一体化动力模组参数规格

规格/型号	P40	P60	P80
减速比（1：N）	50	80	100
额定输出扭矩（N·m）	28	45	114
瞬间最大转矩（N·m）	43	69	172
电机功率（W）	100	200	400
电机额定电压（V）	60V·DC	60V·DC	60V·DC
电机额定转速（r/min）	3000	3000	3000
重复精度（arcsec）	5	5	5

三、磁减速机器人关节模组的应用

1. 工业自动控制智能制造行业应用

用一体化磁减速机器人关节模组可以构建体积小巧的多关节机器人，用于工业自动控制智能制造行业。

（1）S系列SCARA机器人。S系列是标准结构的SCARA机器人，如图9-8所示，可以为工业自动化、分拣、3C行业提供理想的解决方案。精度高、速度快、噪声小、使用简单。

S3的负载3kg，臂展600mm，重复精度±0.02mm。

（2）T系列DELTA机器人（见图9-9）。T系统是标准结构的DELTA机器人，在五金分拣、食品、包装领域有广泛应用，运行速度快、行程大、使用简单。

图9-8　S系列SCARA机器人

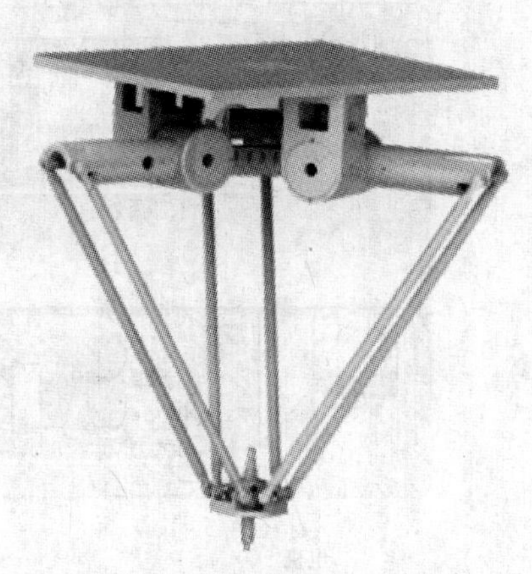

图9-9　T系列DELTA机器人

T3 的负载 3kg，工作半径 600mm，重复精度±0. 02mm。

（3）R 系列。R 系列是 6 关节磁减速协作轻型机械人，如图 9-10 所示，安全性能高，可以在没有防护栏的情况下与人近距离工作。不需要复杂的编程环境，通过手动拖动便可完成示教。

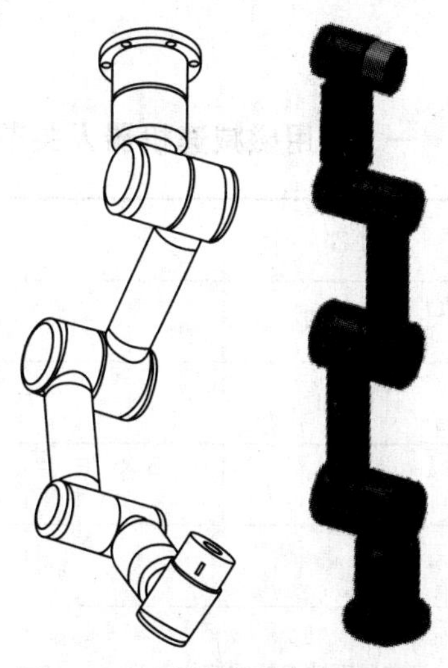

图 9-10　6 关节协作轻型机械人

R5 的负载 5kg，臂展 800mm，重复精度±0. 02mm。

使用磁减速机器人关节模组搭建的机器人机身小巧，线路和管路不会外露，持续保持磁减速机精度，可以应用于搬运、抓取、测量等方面。

2. 康复医疗行业

全球人口老龄化问题已经是明显的趋势，随着医疗水平的提升，辅助行走、仿真手臂、康复理疗的市场需求日益递增，目前市面上见到的这些智能装备，动力单元笨重，能耗大导致续航能力弱，穿戴行走不便，迟迟无法普及民用。

应用深圳超磁机器人公司的超薄一体化模组方案，将能解决这个行业的核心动力问题，做到小巧轻薄、大扭矩、功耗低等。了解详情可参考网址：www. magred. com. cn

技能训练

一、训练目标

（1）了解磁悬浮减速机。

（2）应用磁减速机关节模组。

二、训练内容及步骤

（1）观察内差齿渐摆线机械减速器结构。

1）观察内差齿渐摆线机械减速器的输入轴齿轮，记录内齿数。

2）观察内差齿渐摆线机械减速器输出轴齿轮，记录外齿数。

3）转动输入轴 1 圈，观察内齿与外齿的变化，计算减速比。

（2）观察磁减速机结构。

1）观察磁减速机的输入轴磁极对数，记录内齿极对数。

2）观察磁减速机输出轴磁极对数，记录外齿极对数。

3）转动输入轴 1 圈，观察内磁极对数与外磁极对数的变化，计算减速比。

（3）应用一体化磁减速机器人关节模组。

1）观察一体化磁减速机器人关节模组的结构，写出各个零件的名称。

2）应用一体化磁减速机器人关节模组组装机器人，并驱动机器人各个关节运动。

技能综合训练

一、应用磁减速机器人关节模组的任务书

姓名		项目名称	应用磁减速机器人关节模组
指导教师		同组人员	
计划用时		实施地点	
时间		备注	
任务内容			
1. 掌握机械齿轮减速机原理。 2. 掌握磁悬浮减速机原理。 3. 了解一体化磁减速机器人关节模组的基本构成。 4. 掌握一体化磁减速机器人关节模组的工作原理。 5. 掌握一体化磁减速机器人关节模组的试验方法。 6. 应用一体化磁减速机器人关节模组设计机器人。			
考核内容	机械齿轮减速机原理		
	磁悬浮减速机概念和原理		
	一体化磁减速机器人关节模组的基本构成		
	一体化磁减速机器人关节模组的工作原理		
	一体化磁减速机器人关节模组的试验方法		
	应用一体化磁减速机器人关节模组设计机器人		
资料	工具	设备	
教材		一体化磁减速机器人关节模组	
课件			

二、应用磁减速机器人关节模组任务完成报告表

姓名		任务名称	应用磁减速机器人关节模组
班级		同组人员	
完成日期		分工任务	

（一）填空题

1. 工业机器人通常有__________运动关节。
2. 常用工业机器人的运动关节的减速通过__________实现。
3. 机械齿轮减速器由__________、__________、__________、__________、__________等组成。
4. 磁悬浮减速机由__________、__________、__________、__________、__________等组成。
5. 机械减速机的缺点主要有__________、__________、__________等。
6. 磁悬浮减速机优点主要有__________、__________、__________等。
7. 磁减速机器人关节模组主要有__________、__________、__________、__________和__________等组成。

（二）计算题

1. 普通机械齿轮减速器的输入轴齿轮齿数是 n_1，输出轴齿轮齿数是 n_2，计算普通机械齿轮减速器减速比。

2. 内差齿渐摆线机械齿轮减速器的输入轴齿轮齿数是 n_1，输出轴齿轮齿数是 n_2，计算内差齿机械齿轮减速器减速比。

3. 磁悬浮减速机采用内差齿渐摆线机械齿轮减速器的结构，输出外齿轮齿数为 n_1，输入内齿轮的齿数是多少？减速比是多少？

（三）问答题

1. 磁悬浮减速机与机械齿轮减速机比较，有哪些差异？

2. 应用一体化磁减速机器人关节模组可以做些什么？

续表

（四）实验设计题

1. 设计测试一体化磁减速机器人关节模组的实验装置。

2. 设计应用一体化磁减速机器人关节模组构建 6 轴机器人的模型，并说明 6 轴机器人的工作原理。